算数

小学 **4 5 6** 年生の

単位を
おさらい
できる本

JN050581

この本の使い方

この本では，面積・体積・速さなどの単位をマスターし，メートル法を身につけます。
単位どうしの大きさの関係をつかみ，単位の計算や，単位の換算をおさらいしましょう。
小学4・5・6年で習う「単位」の学習のツボをおさえましょう。

❶ツボその1から，順に取り組もう。

❷「できるかな？」
いまの力をチェックしよう。

❸「大事なツボ！」
ヒントやおぼえておきたいコツなど，
ツボを教えるよ。

❹「やってみよう！」問題を解きながら
ツボをおさらいするよ。
わからなかったら答えを見よう。

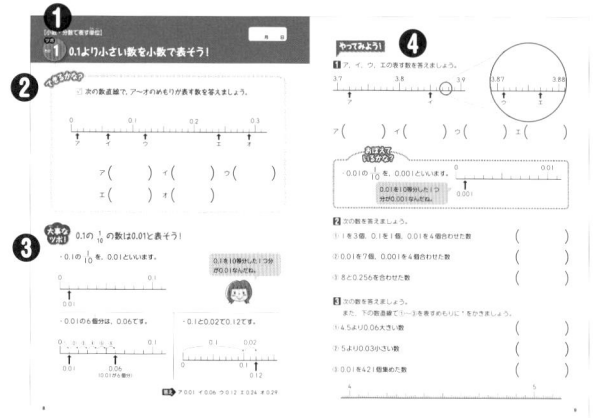

❺練習問題にチャレンジしよう。
答え合わせをして，まちがっていたら
直して100点にするよ。

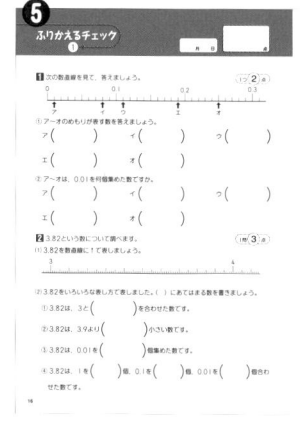

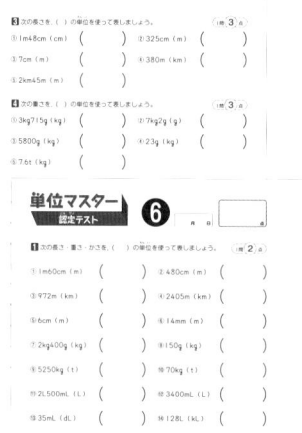

❻すべてのツボの学習が終わったら，
認定テストでしあげのテスト。

❼認定テストが100点になったら，
最終ページの「認定しょう」に
日にちと名前を書きこもう。

算数

小学4 5 6年生の

単位をおさらいできる本

この本の使い方…2
もくじ…3
1〜6年
　単位まとめ表
　（単位の換算表）…4

単位まとめ表（単位の換算表）

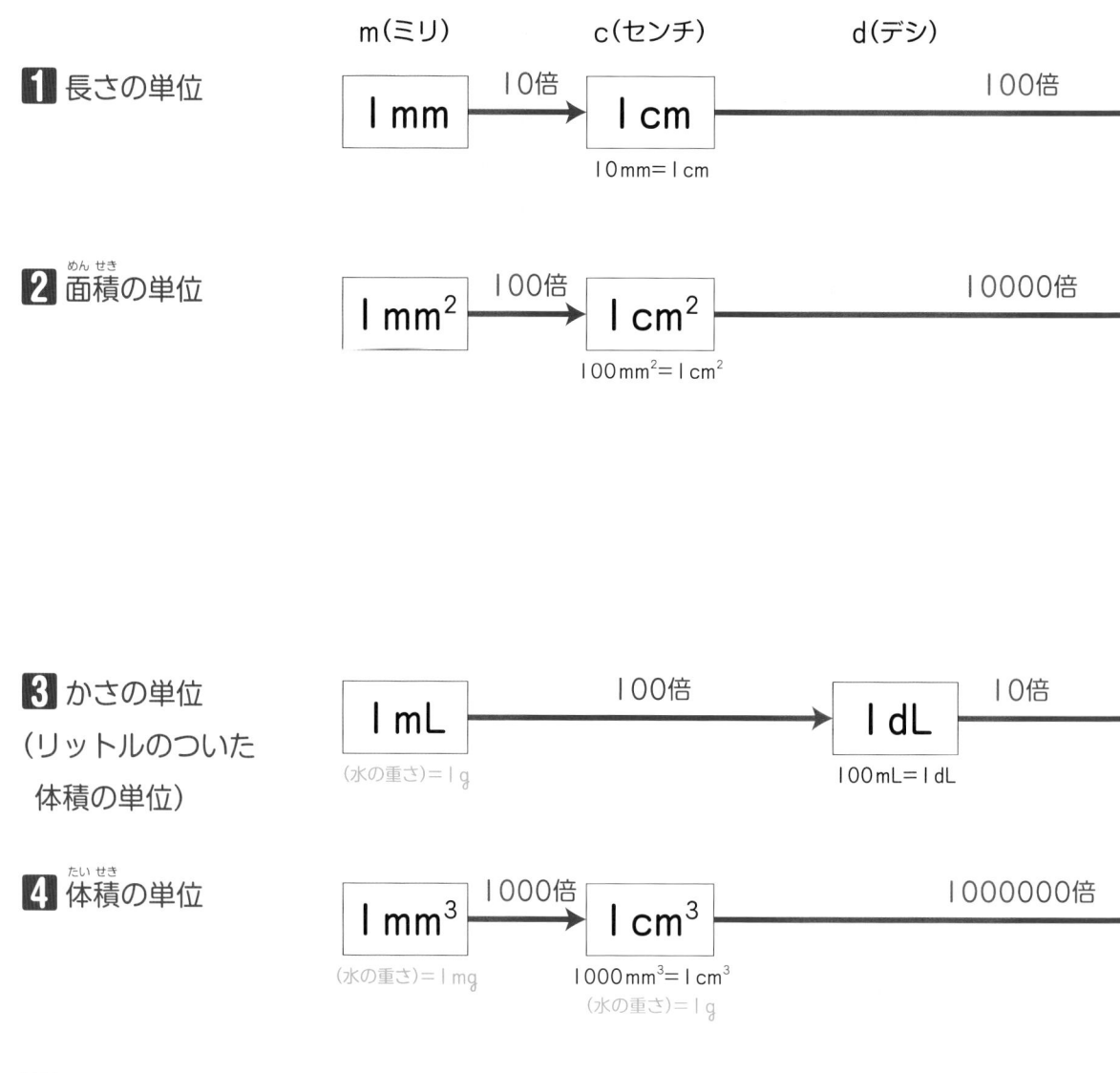

1 長さの単位

m（ミリ）　　c（センチ）　　d（デシ）

1 mm → 10倍 → 1 cm → 100倍
10mm=1cm

2 面積の単位

1 mm² → 100倍 → 1 cm² → 10000倍
100mm²=1cm²

3 かさの単位
（リットルのついた
　体積の単位）

1 mL → 100倍 → 1 dL → 10倍
（水の重さ）=1g　　　100mL=1dL

4 体積の単位

1 mm³ → 1000倍 → 1 cm³ → 1000000倍
（水の重さ）=1mg　1000mm³=1cm³
（水の重さ）=1g

5 重さの単位

1 mg → 1000倍
（水の体積）=1mm³

6 時間の単位

1日＝24時間，1時間＝60分，1分＝60秒

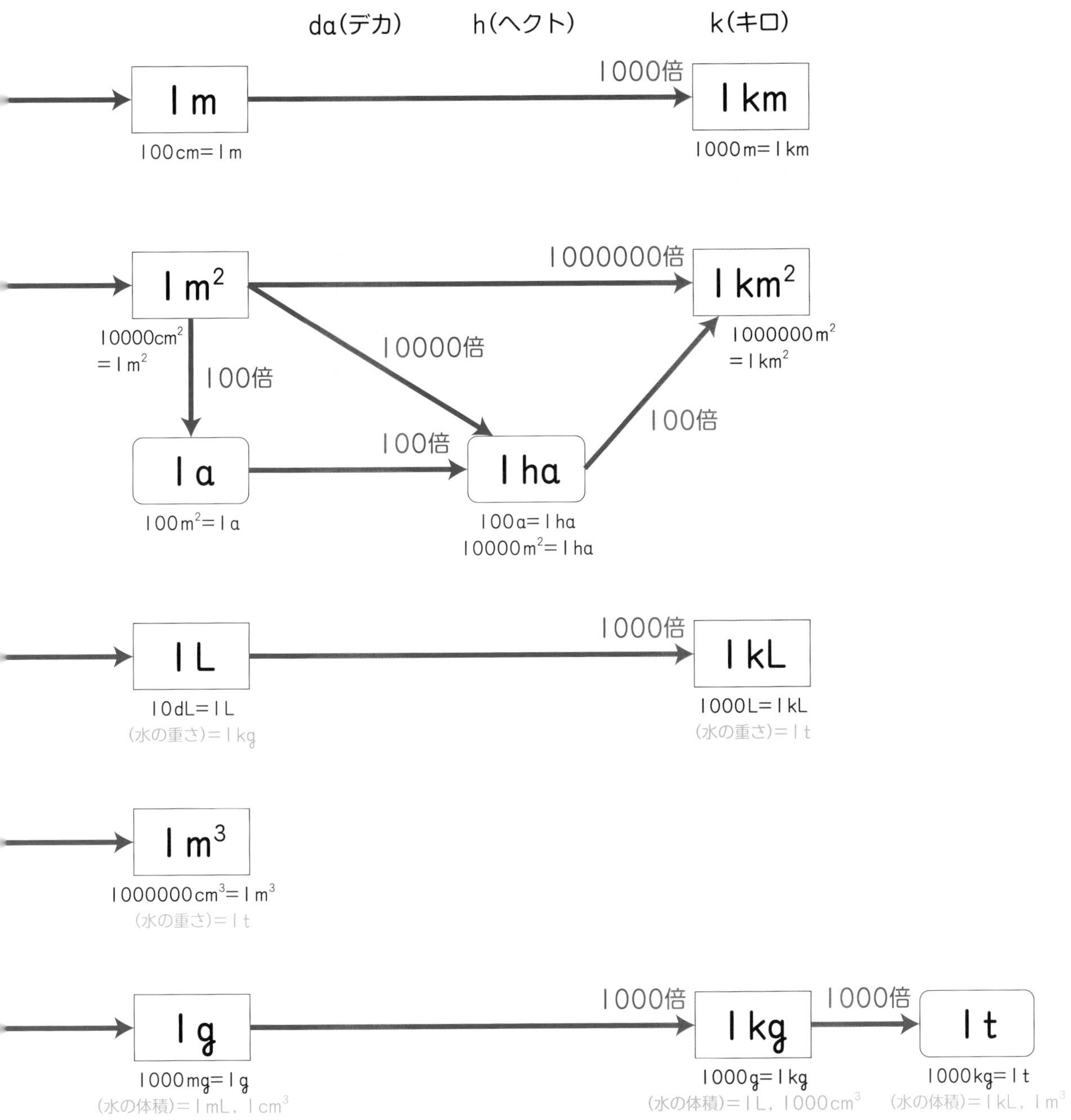

da(デカ)　　h(ヘクト)　　k(キロ)

I m	1000倍 → **I km**
100cm=1m	1000m=1km

I m²
10000cm²
=1m²

1000000倍 → **I km²**
1000000m²
=1km²

100倍 ↓

10000倍 →

100倍 ↑

I a
100m²=1a

100倍 → **I ha**
100a=1ha
10000m²=1ha

I L
10dL=1L
(水の重さ)=1kg

1000倍 → **I kL**
1000L=1kL
(水の重さ)=1t

I m³
1000000cm³=1m³
(水の重さ)=1t

I g
1000mg=1g
(水の体積)=1mL, 1cm³

1000倍 → **I kg**
1000g=1kg
(水の体積)=1L, 1000cm³

1000倍 → **I t**
1000kg=1t
(水の体積)=1kL, 1m³

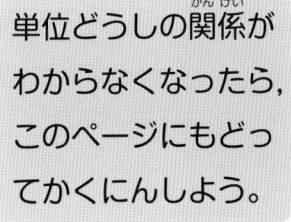

単位どうしの関係が
わからなくなったら,
このページにもどっ
てかくにんしよう。

次のページからはじまるよ！

1 次の□にあてはまる数を書きましょう。　　　　　　1問 **2** 点

① 4cm = ☐ mm

② 20mm = ☐ cm

③ 2cm5mm = ☐ mm

④ 52mm = ☐ cm ☐ mm

⑤ 2m = ☐ cm

⑥ 7m30cm = ☐ cm

⑦ 1km = ☐ m

⑧ 1450m = ☐ km ☐ m

⑨ 3L = ☐ dL

⑩ 48dL = ☐ L ☐ dL

⑪ 1600mL = ☐ L ☐ dL

⑫ 4L = ☐ mL

⑬ 6dL = ☐ mL

⑭ 2000L = ☐ kL

⑮ 1kL720L = ☐ L

⑯ 4kL = ☐ L

⑰ 5kg = ☐ g

⑱ 2kg140g = ☐ g

⑲ 4150g = ☐ kg ☐ g

⑳ 2t = ☐ kg

㉑ 5825kg = ☐ t ☐ kg

㉒ 42t = ☐ kg

2 次の長さやかさを，（　）の単位を使って表しましょう。

① 2mm（cm）　（　　　　　）　② 0.8cm（mm）（　　　　　）

③ 1cm4mm（cm）（　　　　　）　④ 2.7cm（mm）（　　　　　）

⑤ 6dL（L）　（　　　　　）　⑥ 0.3L（dL）（　　　　　）

⑦ 5L3dL（L）（　　　　　）　⑧ 2.8L（dL）（　　　　　）

3 色をつけたところの長さは何mですか。分数で答えましょう。

① （　　　　　）m

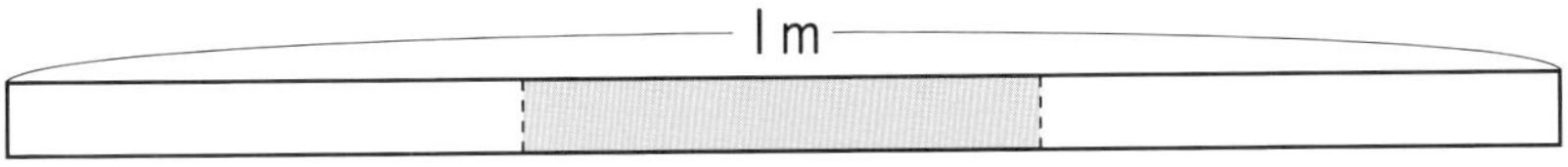

② （　　　　　）m

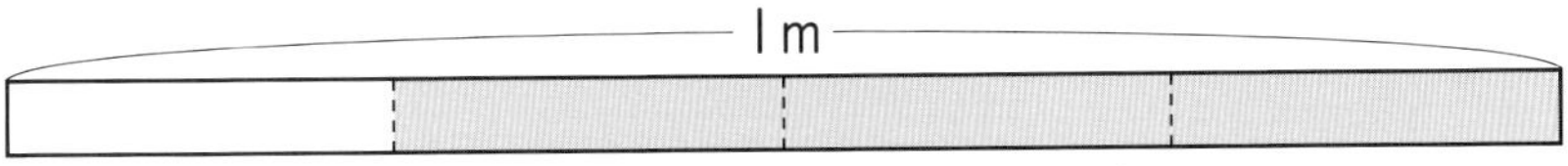

③ （　　　　　）m

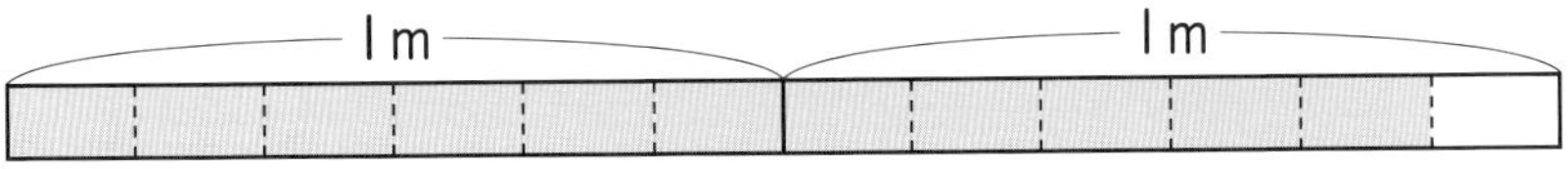

④ （　　　　　）m

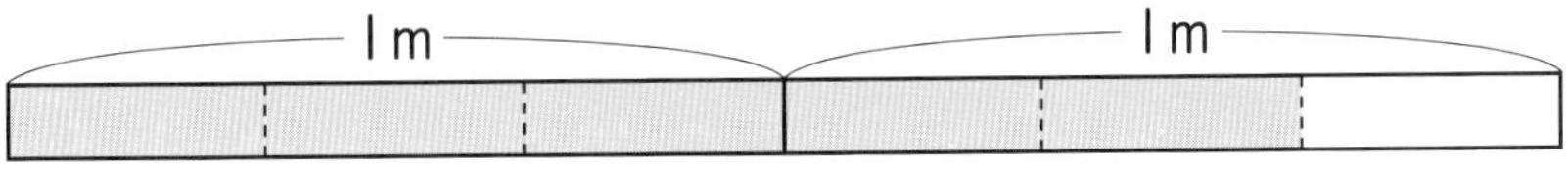

4 次の□にあてはまる数を書きましょう。

① 24時間＝ □ 日　　② 2日＝ □ 時間

③ 80分＝ □ 時間 □ 分　　④ 3時間＝ □ 分

⑤ 1時間40分＝ □ 分　　⑥ 1分＝ □ 秒

⑦ 75秒＝ □ 分 □ 秒　　⑧ 180秒＝ □ 分

できるかな？

☑ 次の数直線で，ア〜オのめもりが表す数を答えましょう。

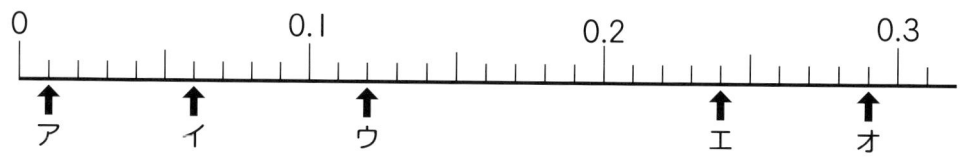

ア（　　　　　）イ（　　　　　）ウ（　　　　　）

エ（　　　　　）オ（　　　　　）

大事なツボ！ 0.1の $\frac{1}{10}$ の数は0.01と表そう！

・0.1の $\frac{1}{10}$ を，0.01といいます。

0.1を10等分した1個分が0.01なんだね。

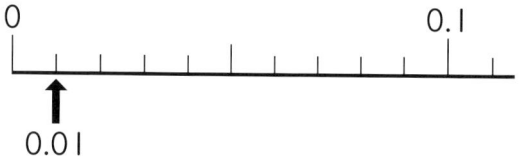

0.01

・0.01の6個分は，0.06です。

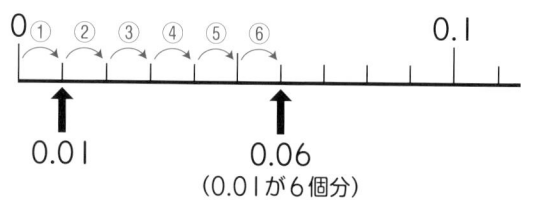

0.01　　　　0.06
（0.01が6個分）

・0.1と0.02で0.12です。

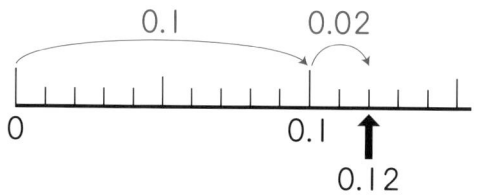

0.12

答え　ア 0.01　イ 0.06　ウ 0.12　エ 0.24　オ 0.29

1 ア，イ，ウ，エの表す数を答えましょう。

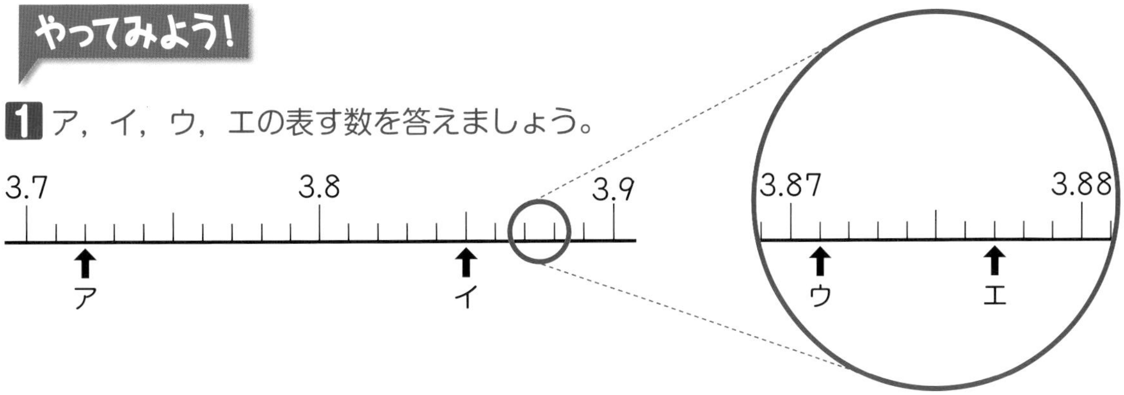

ア（　　　　　）イ（　　　　　）ウ（　　　　　）エ（　　　　　）

おぼえて いるかな？

・0.01の $\frac{1}{10}$ を，0.001といいます。

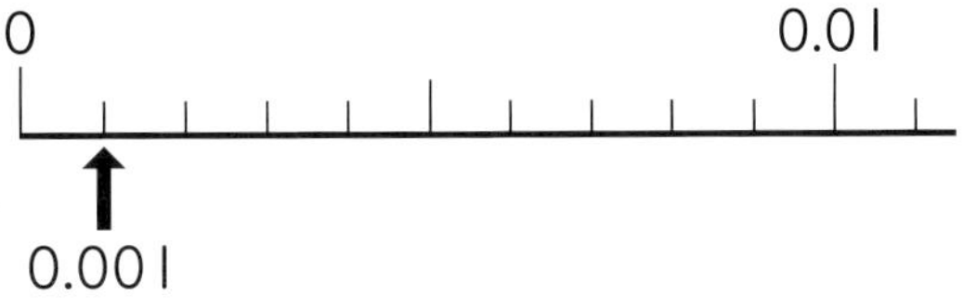

0.01を10等分した1個分が0.001なんだね。

2 次の数を答えましょう。

① 1を3個，0.1を1個，0.01を4個合わせた数　（　　　　　）

② 0.01を7個，0.001を4個合わせた数　（　　　　　）

③ 8と0.256を合わせた数　（　　　　　）

3 次の数を答えましょう。
また，下の数直線で①〜③を表すめもりに↑をかきましょう。

① 4.5より0.06大きい数　（　　　　　）

② 5より0.03小さい数　（　　　　　）

③ 0.01を421個集めた数　（　　　　　）

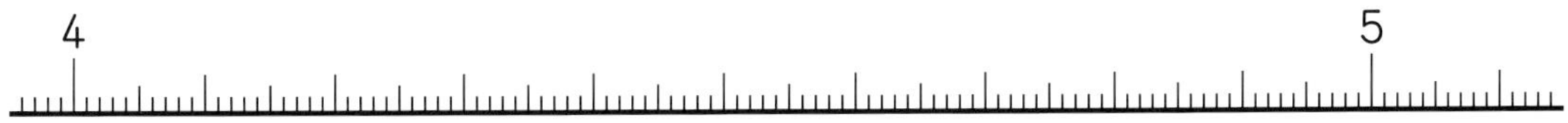

ツボ その2 $\frac{1}{10}$, $\frac{1}{100}$, $\frac{1}{1000}$ で長さの単位を考えよう!

できるかな?

☑ 1m53cm を, m の単位を使って表しましょう。

1m53cm = (　　　　　　　) m

大事なツボ! 50cmは0.5m, 3cmは0.03mになる!

100cm＝1mということは, 10cmは1mの $\frac{1}{10}$ と考えます。

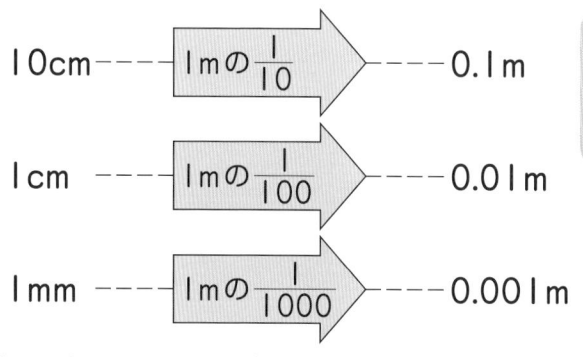

もとにする大きさ（1m）の何分の1になっているかを考えればいいね。

1m53cmを, mの単位を使って表すには…

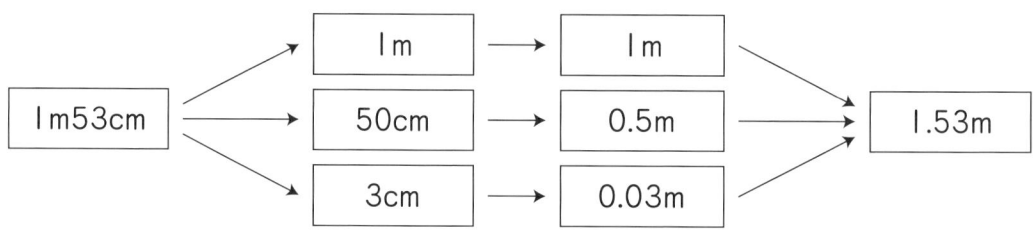

答え 1.53

やってみよう！

1 次の数直線を見て，答えましょう。

```
0   0.1  0.2  0.3  0.4  0.5  0.6  0.7  0.8  0.9   1   1.1  1.2  1.3  1.4  1.5(m)
```

ア　　　　　　イ　　　　　　ウ　　　　エ　　　　　　オ

① ア，イ，ウ，エ，オのめもりが表す長さは何mですか。

ア (　　　　　　　) イ (　　　　　　　) ウ (　　　　　　　)

エ (　　　　　　　) オ (　　　　　　　)

② ア，イ，ウのめもりが表す長さは何cmですか。

ア (　　　　　　　) イ (　　　　　　　) ウ (　　　　　　　)

③ エ，オのめもりが表す長さは何m何cmですか。

エ (　　　　　　　) オ (　　　　　　　)

2 次の長さを，（　）の単位を使って表しましょう。

① 2m35cm（cm）(　　　　　　　) ② 370cm（m）(　　　　　　　)

③ 42.195km（m）(　　　　　　　) ④ 750m（km）(　　　　　　　)

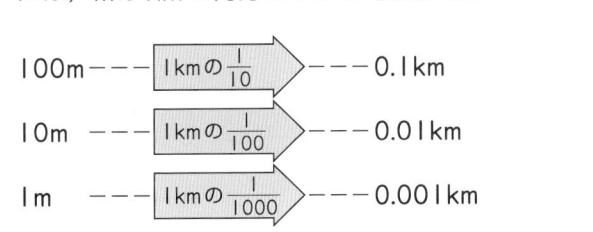

m（メートル）をkm（キロメートル）の単位で表すには，mがkmの何分の1かを考えよう。

100m --- 1kmの $\frac{1}{10}$ --- 0.1km

10m --- 1kmの $\frac{1}{100}$ --- 0.01km

1m --- 1kmの $\frac{1}{1000}$ --- 0.001km

ツボ その3　$\frac{1}{10}$, $\frac{1}{100}$, $\frac{1}{1000}$ で重さの単位を考えよう！

できるかな?

☑ 1kg537g を, kg の単位を使って表しましょう。

1kg537g=$\Big($　　　　　　　kg$\Big)$

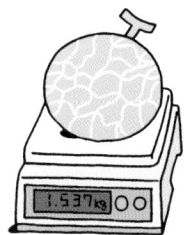

1000g＝1kg だから, 500gは…。

大事なツボ!　500gは0.5kg, 537gは0.537kgになる！

1000g＝1kgということは, 100gは1kgの $\frac{1}{10}$ と考えます。

100g ---- 1kgの $\frac{1}{10}$ ---- 0.1kg

10g ---- 1kgの $\frac{1}{100}$ ---- 0.01kg

1g ---- 1kgの $\frac{1}{1000}$ ---- 0.001kg

もとにする大きさ（1kg）の何分の1になっているかを考えればいいね。

1kg537gを, kgの単位を使って表すには…

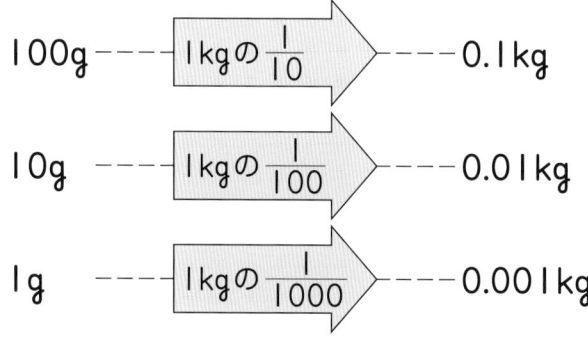

1kg537g	1kg	1kg	
	500g	0.5kg	1.537kg
	30g	0.03kg	
	7g	0.007kg	

答え ▶ 1.537

やってみよう！

1 次の重さを，kgの単位を使って表しましょう。

① 2kg348g （　　　　　　）　② 3kg217g （　　　　　　）

③ 5kg600g （　　　　　　）　④ 7kg15g （　　　　　　）

⑤ 2kg20g （　　　　　　）

2 次の重さを，kgの単位を使って表しましょう。

① 825g （　　　　　　）　② 65g （　　　　　　）

③ 3517g （　　　　　　）　④ 6050g （　　　　　　）

⑤ 2g （　　　　　　）

わからなくなったら
左ページを見よう！

おぼえて
いるかな？

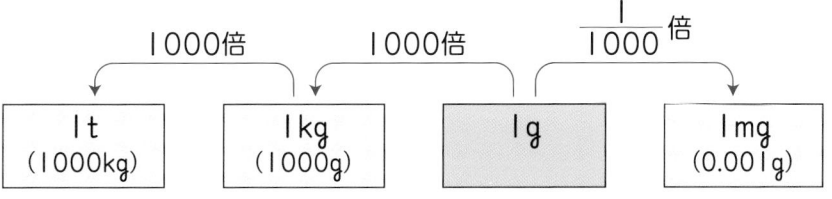

・1000kg＝1tだから，100kg＝0.1t，10kg＝0.01t，1kg＝0.001t

・1000mg＝1gだから，100mg＝0.1g，10mg＝0.01g，1mg＝0.001g

| 1000倍 | 1000倍 | $\frac{1}{1000}$倍 |

| 1t (1000kg) | 1kg (1000g) | 1g | 1mg (0.001g) |

3 次の重さを，（　）の単位を使って表しましょう。

① 6.925kg（g）（　　　　　　）　② 1500kg（t）（　　　　　　）

③ 2814mg（g）（　　　　　　）　④ 5.2t（kg）（　　　　　　）

⑤ 4.82g（mg）（　　　　　　）

 その **4** $\dfrac{1}{10}, \dfrac{1}{100}, \dfrac{1}{1000}$ でかさの単位を考えよう！

できるかな?

☑ 水のかさを, L の単位を使って表しましょう。

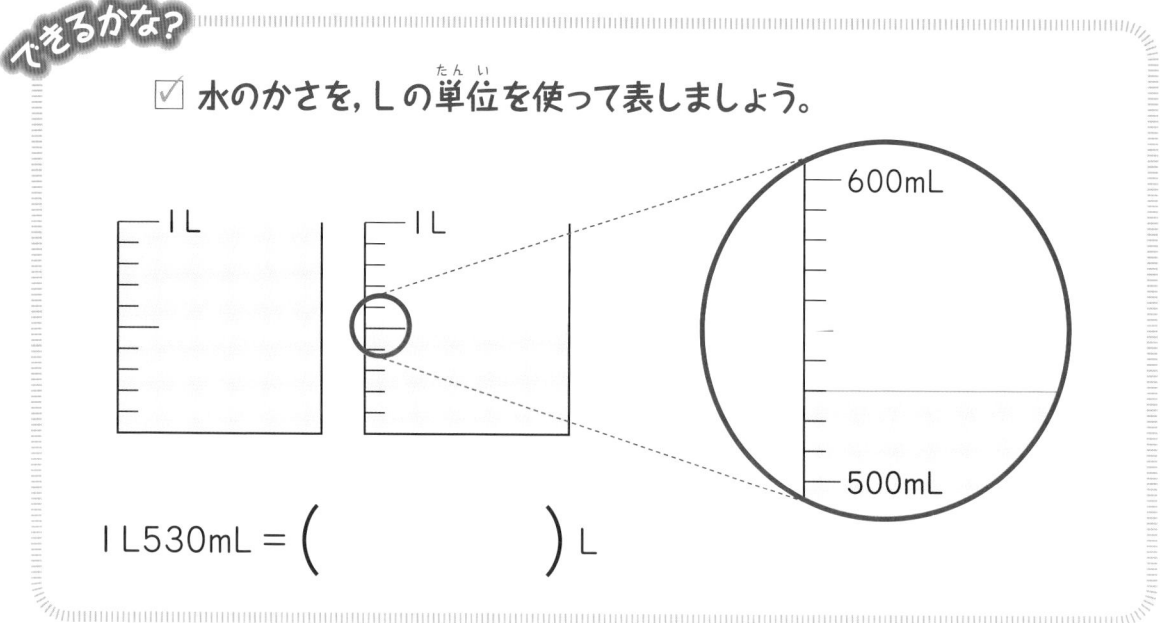

$1L530mL = ($　　　　$)L$

 **500mLは0.5L, 30mLは0.03Lになる！**

1000mL＝1Lということは, 100mLは1Lの $\dfrac{1}{10}$ と考えます。

100mL ---- 1Lの $\dfrac{1}{10}$ ---- 0.1L

10mL ---- 1Lの $\dfrac{1}{100}$ ---- 0.01L

1mL ---- 1Lの $\dfrac{1}{1000}$ ---- 0.001L

もとにする大きさ（1L）の何分の1になっているかを考えればいいね。

1L530mLを, Lの単位を使って表すには…

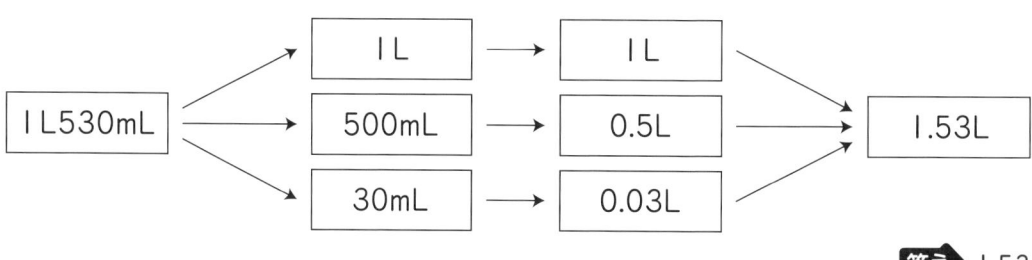

答え ▶ 1.53

やってみよう!

1 次のかさを，Lの単位を使って表しましょう。

① 1L485mL （　　　　　　　　） ② 350mL （　　　　　　　　）

③ 7523mL （　　　　　　　　） ④ 2020mL （　　　　　　　　）

2 次のかさは，0.01Lの何個分ですか。

① 0.08L （　　　　　　　　） ② 0.53L （　　　　　　　　）

③ 1.75L （　　　　　　　　）

おぼえているかな?

・100mL＝1dL＝0.1L

・1000L＝1kLだから，100L＝0.1kL

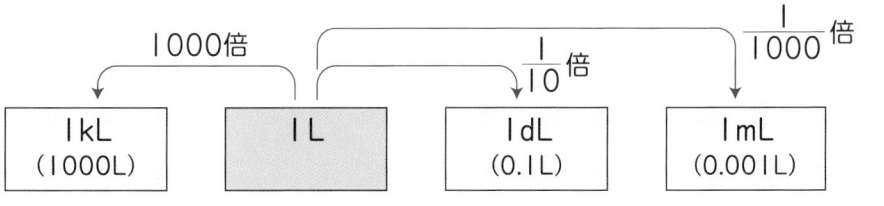

3 次の水のかさを調べましょう。

① 水のかさを，Lの単位を使って表しましょう。 （　　　　　　　　）

② 水のかさを，mLの単位を使って表しましょう。 （　　　　　　　　）

③ 水のかさを，dLの単位を使って表しましょう。 （　　　　　　　　）

1 次の数直線を見て，答えましょう。　1つ **2** 点

① ア～オのめもりが表す数を答えましょう。

ア（　　　　　）　　イ（　　　　　）　　ウ（　　　　　）

エ（　　　　　）　　オ（　　　　　）

② ア～オは，0.01を何個集めた数ですか。

ア（　　　　　）　　イ（　　　　　）　　ウ（　　　　　）

エ（　　　　　）　　オ（　　　　　）

2 3.82という数について調べます。　全部できて1問 **3** 点

(1) 3.82を数直線に↑で表しましょう。

3　　　　　　　　　　　　　　　　　　　4

(2) 3.82をいろいろな表し方で表しました。（　）にあてはまる数を書きましょう。

① 3.82は，3と（　　　　　）を合わせた数です。

② 3.82は，3.9より（　　　　　）小さい数です。

③ 3.82は，0.01を（　　　　　）個集めた数です。

④ 3.82は，1を（　　　）個，0.1を（　　　）個，0.01を（　　　）個合わせた数です。

16

3 次の長さを,（ ）の単位を使って表しましょう。　　　　　1問 **3** 点

① 1m48cm（cm）　（　　　　　）　　② 325cm（m）　（　　　　　）

③ 7cm（m）　　　（　　　　　）　　④ 380m（km）　（　　　　　）

⑤ 2km45m（m）　（　　　　　）

4 次の重さを,（ ）の単位を使って表しましょう。　　　　　1問 **3** 点

① 3kg715g（kg）　（　　　　　）　　② 7kg2g（g）　（　　　　　）

③ 5800g（kg）　　（　　　　　）　　④ 23g（kg）　（　　　　　）

⑤ 7.6t（kg）　　　（　　　　　）

5 次のかさを,（ ）の単位を使って表しましょう。　　　　　1問 **3** 点

① 2.65L（mL）　（　　　　　）　　② 1800mL（L）　（　　　　　）

③ 30mL（L）　　（　　　　　）　　④ 4.5dL（mL）　（　　　　　）

⑤ 50mL（dL）　　（　　　　　）

6 次の（ ）にあてはまる不等号を書きましょう。　　　　　1問 **4** 点

① 0.01　（　　　）　0.001

② 1　（　　　）　1.001

③ 6.43　（　　　）　6.34

④ 157.09　（　　　）　157.1

⑤ 2.46　（　　　）　2.433

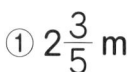 **分数で長さやかさを表そう!**

 月　日

 できるかな？

☑ 次の長さを，長い順に並べましょう。

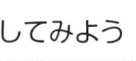 テープを等分して長さを表してみよう

① $2\dfrac{3}{5}$ m　② $\dfrac{11}{4}$ m

（　　　→　　　）

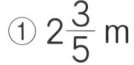 大事なツボ！ **1より大きい分数は帯分数で考える。**

数直線に表して，比べてみましょう。帯分数に直して考えるとわかりやすいです。

・真分数…分子が分母より小さい分数。1より小さい分数。　⇒（例）$\dfrac{2}{5}$, $\dfrac{1}{3}$, $\dfrac{6}{7}$

・仮分数…分子と分母が同じか，分子が分母より大きい分数。　⇒（例）$\dfrac{3}{3}$, $\dfrac{3}{2}$, $\dfrac{11}{4}$

・帯分数…仮分数を，整数と真分数の和で表している分数。　⇒（例）$1\dfrac{1}{2}$, $2\dfrac{3}{5}$

① $2\dfrac{3}{5}$ m

| 1m | 1m | 1m |

0　　　1　　　2　　　3 (m)

② $\dfrac{11}{4}$ m $= 2\dfrac{3}{4}$ m

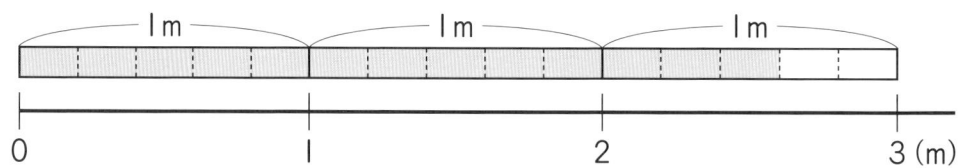 $\dfrac{4}{4}$ mが1mだから，$\dfrac{11}{4}$ mは，2mと$\dfrac{3}{4}$ mだね。

| 1m | 1m | 1m |

0　　　1　　　2　　　3 (m)

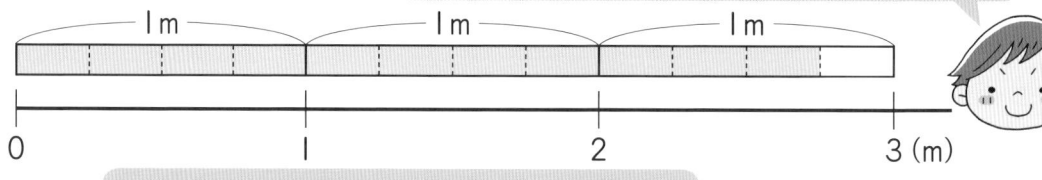 $\dfrac{3}{4}$ と $\dfrac{3}{5}$ では，分母が小さい $\dfrac{3}{4}$ のほうが大きいよ。

 答え ②→①

1 次の長さは何mですか。帯分数と仮分数で表しましょう。

①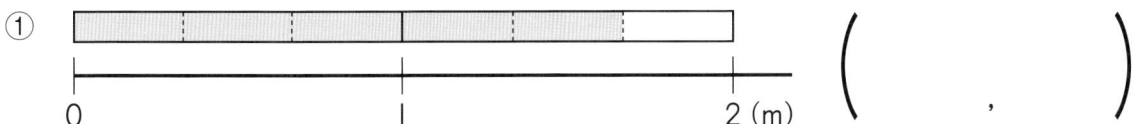
$$\left(\qquad , \qquad\right)$$

②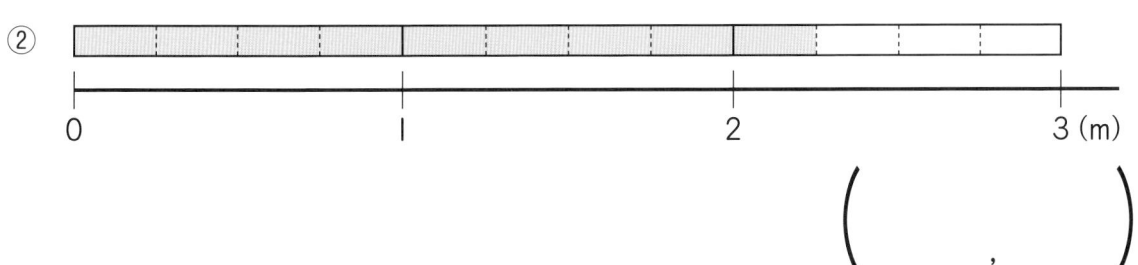
$$\left(\qquad , \qquad\right)$$

2 次の水のかさは何Lですか。帯分数と仮分数で表しましょう。

①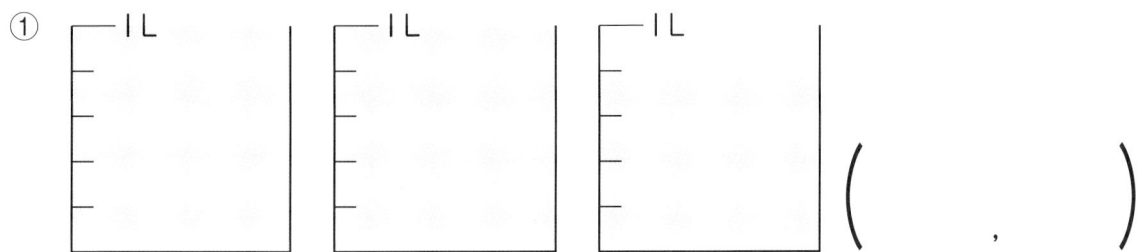
$$\left(\qquad , \qquad\right)$$

②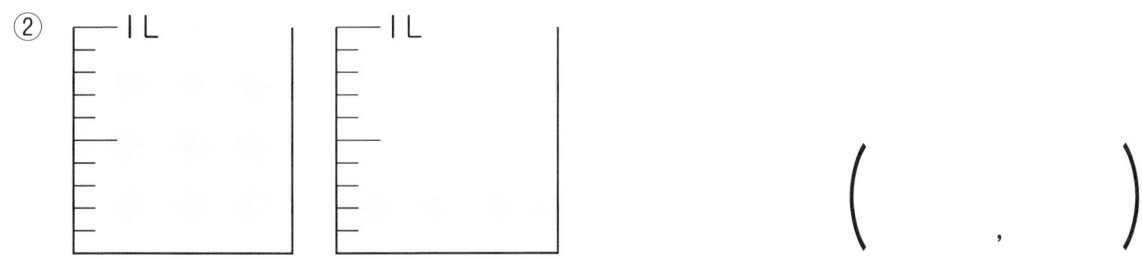
$$\left(\qquad , \qquad\right)$$

③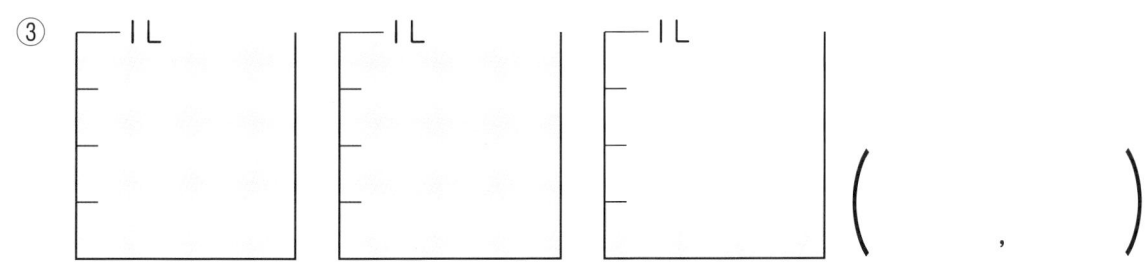
$$\left(\qquad , \qquad\right)$$

ツボ その6 時間を分数で表そう！

できるかな?

☑ 45分は何時間でしょう。
分数を使って表しましょう。

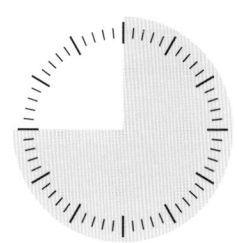

$\Big(\quad\Big)$時間

60分＝1時間だから
45分は1時間の何分の何？

大事なツボ！ 時計を見て，何分の何かを考えよう！

1時間＝60分，1分＝60秒をもとに考えましょう。

45分は，1時間を4等分した3個分です。

$\dfrac{3}{4}$ 時間ってことか！

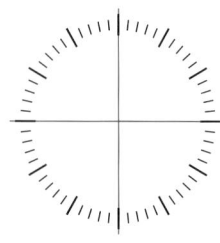

1時間を60等分した45個分だから，

$\dfrac{45}{60}$ 時間

と表すことも
できます。

これを約分すると
$\dfrac{45}{60} = \dfrac{3}{4}$ になるね。

答え $\dfrac{3}{4}$

やってみよう！

1 次の時間を分数で表しましょう。

① 20分 = $\left(\right)$ 時間 　　② 5分 = $\left(\right)$ 時間

③ 12分 = $\left(\right)$ 時間 　　④ 50分 = $\left(\right)$ 時間

⑤ 80分 = $\left(\right)$ 時間

2 次の時間を分数で表しましょう。

① 15秒 = $\left(\right)$ 分 　　② 40秒 = $\left(\right)$ 分

③ 36秒 = $\left(\right)$ 分 　　④ 45秒 = $\left(\right)$ 分

⑤ 100秒 = $\left(\right)$ 分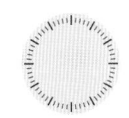

「秒」も「分」と同じように，1分＝60秒をもとに，何分の何か考えよう。15秒は，1分を4等分した1個分だから，15秒＝$\frac{1}{4}$ 分だね。

3 次の（　）にあてはまる数を答えましょう。

① $\frac{5}{6}$ 時間 = $\left(\right)$ 分　　② $\frac{7}{12}$ 分 = $\left(\right)$ 秒

③ $\frac{5}{4}$ 時間 = $\left(\right)$ 分　　④ $\frac{4}{3}$ 分 = $\left(\right)$ 秒

⑤ $2\frac{1}{2}$ 時間 = $\left(\right)$ 分

1 次の数直線を見て答えましょう。　　　　1つ **4** 点

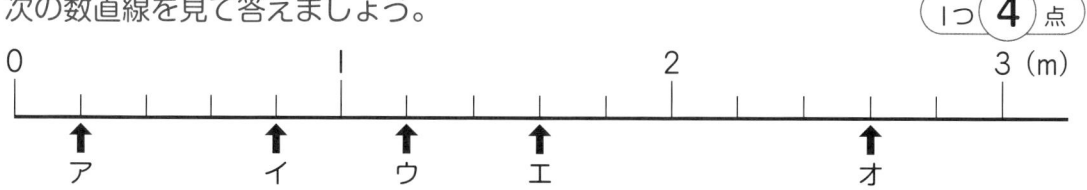

① ア〜オのめもりが表す長さを分数で答えましょう。
1mより長い長さは，帯分数と仮分数の両方で答えましょう。

ア（　　　　　）　　　イ（　　　　　）　　　ウ（　　　　　　　　）

エ（　　　　　）　　オ（　　　　　　　　）

② $\frac{10}{5}$ m, $2\frac{2}{5}$ m の長さを表すめもりに↑をかきましょう。

2 次の長さを表す分数について答えましょう。

① 仮分数を帯分数か整数に，帯分数を仮分数に直しましょう。　　1つ **2** 点

ア　$1\frac{4}{7}$ m　　　（　　　　　）m　　イ　$\frac{14}{5}$ m　　　（　　　　　）m

ウ　$1\frac{5}{6}$ m　　　（　　　　　）m　　エ　$\frac{12}{6}$ m　　　（　　　　　）m

オ　$2\frac{4}{9}$ m　　　（　　　　　）m

② ①のア〜オを，短いものから順にア〜オの記号で書きましょう。

全部できて **10** 点

（　　　　　　　　　　　）

3 次の水のかさは何Lですか。分数で答えましょう。
　　1Lより大きいかさは，帯分数と仮分数で表しましょう。

①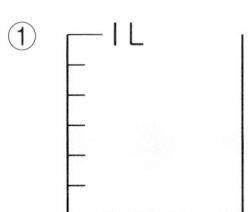

（　　　　　　）

②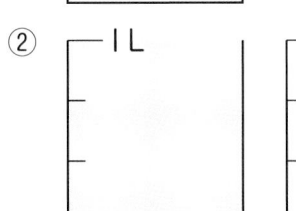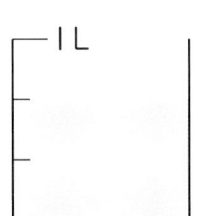

（　　　　　　）

③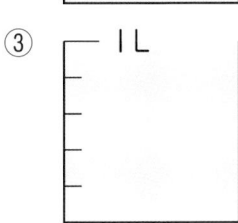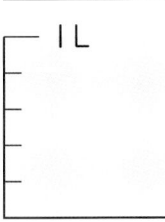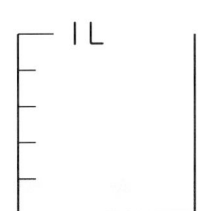

（　　　　　　）

4 次の時間を分数で表しましょう。

① 10分 ＝（　　　　　　）時間　　　② 36分 ＝（　　　　　　）時間

③ 90分 ＝（　　　　　　）時間　　　④ 25秒 ＝（　　　　　　）分

⑤ 200秒 ＝（　　　　　　）分

5 次の(　　)にあてはまる数を答えましょう。

① $\frac{1}{3}$ 時間 ＝（　　　　　　）分　　　② $\frac{3}{2}$ 分 ＝（　　　　　　）秒

③ $\frac{3}{4}$ 分 ＝（　　　　　　）秒　　　④ $\frac{4}{5}$ 時間 ＝（　　　　　　）分

⑤ $1\frac{1}{3}$ 時間 ＝（　　　　　　）分

ツボ その7　cm², m²の表す広さをおさえよう！

できるかな？

☑ ①～④の面積を表すときに使うとよい単位は，m² と cm² の
どちらですか。あてはまる単位を◯で囲みましょう。

① 教室　　　　　63 (　m² 　／ 　cm² 　)

② 折り紙　　　　225 (　m² 　／ 　cm² 　)

③ はがき　　　　150 (　m² 　／ 　cm² 　)

④ 学校のプール　250 (　m² 　／ 　cm² 　)

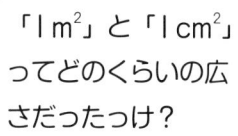
「1m²」と「1cm²」ってどのくらいの広さだったっけ？

大事なツボ！　1cm²はつめの大きさくらい，
1m²は教室の机4つ分くらい。

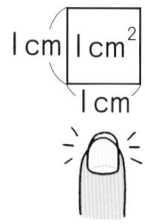

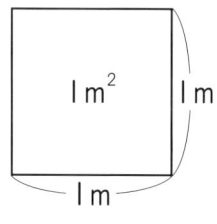

1辺が1cmの正方形の面積は，
1cm²（1平方センチメートル）

1辺が1mの正方形の面積は，
1m²（1平方メートル）です。

長方形の面積＝縦×横＝横×縦

正方形の面積＝1辺×1辺

〈例〉教室

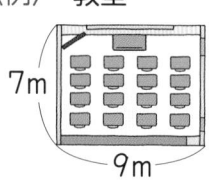

7×9=63
63m²

折り紙

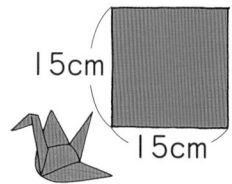

15×15=225
225cm²

はがき

約15cm
約10cm

15×10=150
約150cm²

プール

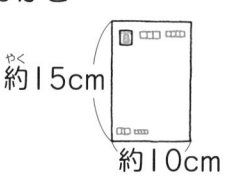
25m
10m

25×10=250
250m²

答え ①m² ②cm² ③cm² ④m²

やってみよう！

1 次の（　　）にあてはまる面積の単位は，m²とcm²のどちらですか。
あてはまる単位を書きましょう。

おぼえて
いるかな？

面積の単位をなぞって
書いてみましょう。

cm²
▲平方センチメートル

m²
▲平方メートル

① 庭

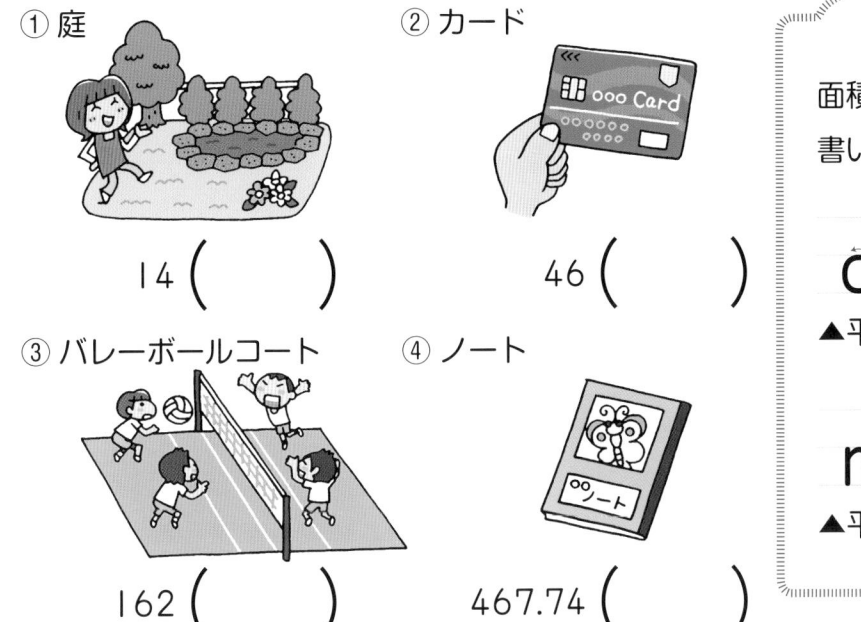

14（　　）

② カード

46（　　）

③ バレーボールコート

162（　　）

④ ノート

467.74（　　）

2 次の面積を求めましょう。

①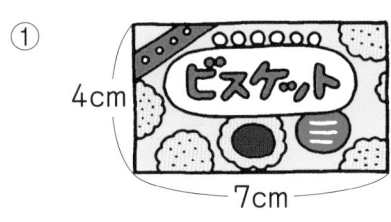
式

4cm
7cm

（　　　　　）

②
式

3m
3m

（　　　　　）

③
式

2.7cm
3.6cm
MOMO

（　　　　　）

ツボ その 8　a，ha，km² の表す広さをおさえよう！

できるかな？

☑ 次の面積の単位は a, ha, km² のうちどれですか。

あてはまる単位を ◯ で囲みましょう。

① 小田原市の面積 …………………………… 約114　(a ／ ha ／ km²)

② 縦200m，横300mの畑 ……………… 6　(a ／ ha ／ km²)

③ 縦60m，横80mの校庭 ……………… 48　(a ／ ha ／ km²)

大事なツボ！

１aは校庭，１haは畑，１km²は市の広さを表すのにちょうどよい。

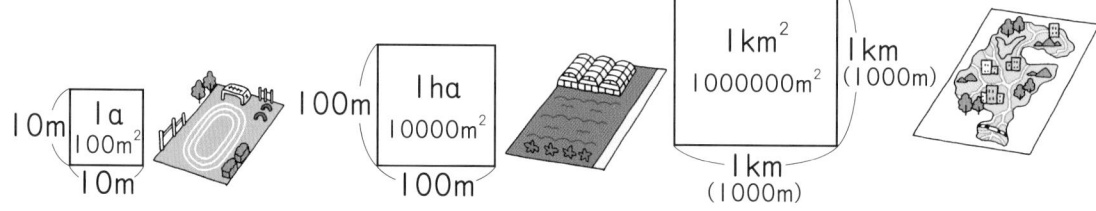

１辺が10mの正方形の面積は，１a（１アール）

１辺が100mの正方形の面積は，１ha（１ヘクタール）

１辺が１kmの正方形の面積は，１km²（１平方キロメートル）です。

① 県や市の面積はkm²の単位で表します。

② 畑　　　　　　　　　　　③ 校庭

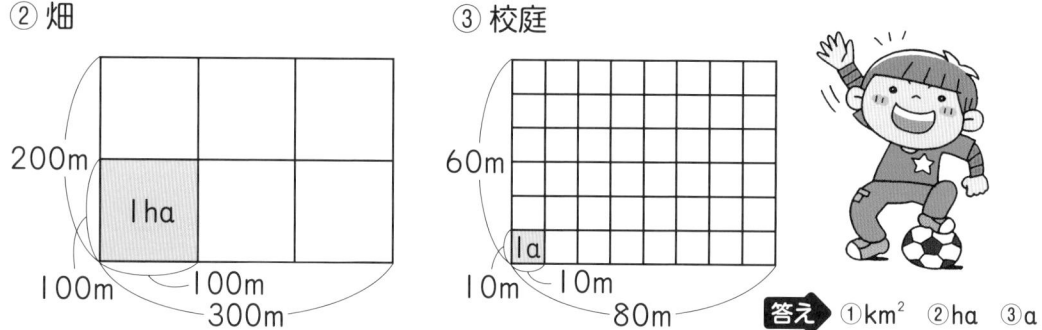

答え ①km² ②ha ③a

やってみよう！

1 次の（　）にあてはまる面積の単位は，a，ha，km²のどれですか。

あてはまる単位を書きましょう。

① 水田

200m
200m

4（　　　）

② 花畑

30m
20m

6（　　　）

③ 立川市の
面積

立川市

約24（　　　）

> 3つの中で，一番広い
> 面積は立川市の面積だ
> よ。

**おぼえて
いるかな？**

面積の単位をなぞって
書いてみましょう。

a

▲アール

ha

▲ヘクタール

km²

▲平方キロメートル

2 次の面積を（　）の単位で求めましょう。

① （a）

30m
70m

式

（　　　　　　）

② （ha）

800m
800m

式

（　　　　　　）

③ （km²）

2km
3km

式

（　　　　　　）

27

月　日　　　　　　点

1 次の面積はどのくらいですか。あてはまるものを選んで記号を書きましょう。

1問 **5** 点

① 本の表紙

㋐　330cm²　　　㋑　330m²
㋒　3300cm²　　㋓　660m²

（　　　　　）

② 机

㋐　500m²　　　㋑　500cm²
㋒　240km²　　　㋓　2400cm²

（　　　　　）

2 （　）にあてはまる面積の単位を □ から選んで書きましょう。　1問 **8** 点

① 校庭

20（　　　　）

② 消しゴム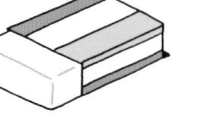

6（　　　　）

③ 教室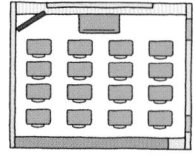

63（　　　　）

④ 秋田市の面積

約906（　　　　）

⑤ 東京ドーム

約4.7（　　　　）

cm² ・ m² ・ a ・ ha ・ km²

3 次の面積を（　　）の単位で求めましょう。　　　　　

① (a)　　　　　　　　　　　　　　式

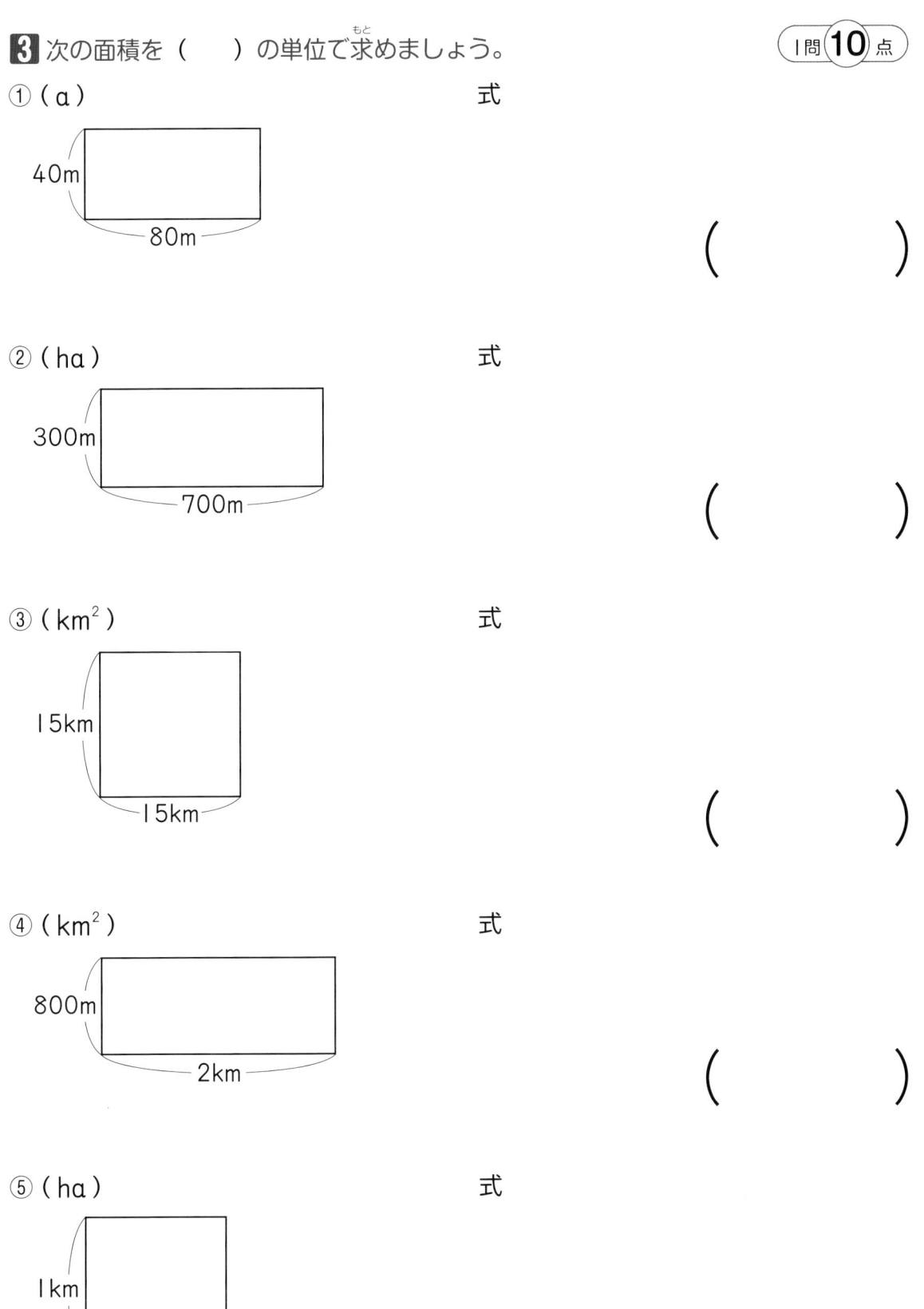

40m
80m

（　　　　　）

② (ha)　　　　　　　　　　　　　式

300m
700m

（　　　　　）

③ (km²)　　　　　　　　　　　　式

15km
15km

（　　　　　）

④ (km²)　　　　　　　　　　　　式

800m
2km

（　　　　　）

⑤ (ha)　　　　　　　　　　　　　式

1km
1km

（　　　　　）

その9 いろいろな図形の面積を求めよう！

月　日

できるかな？

☑ 次の図形の面積を求めるときの式を，下の**あ〜え**から選びましょう。

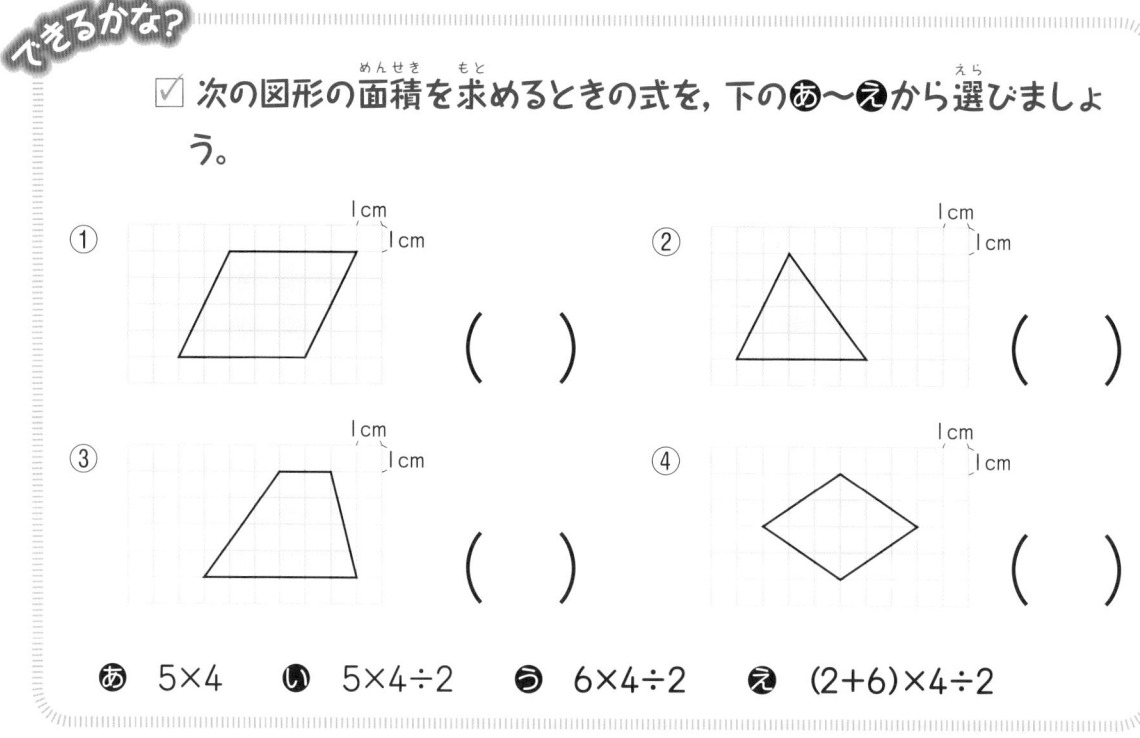

① 1cm 1cm　（　）

② 1cm 1cm　（　）

③ 1cm 1cm　（　）

④ 1cm 1cm　（　）

あ 5×4　　**い** 5×4÷2　　**う** 6×4÷2　　**え** (2+6)×4÷2

大事なツボ！ 面積の公式が使える形を考えよう！

正方形・長方形の面積の公式（24ページ）を使って，下の図形の面積を求めます。

①

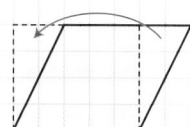

長方形に形を変えて考えたのか！

平行四辺形の面積＝底辺×高さ
5×4＝20（cm²）

②

平行四辺形の半分と考えるわけだね。

三角形の面積＝底辺×高さ÷2
5×4÷2＝10（cm²）

③

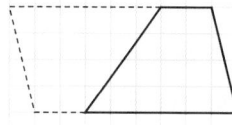

台形2つでも平行四辺形になるよね。

台形の面積＝（上底＋下底）×高さ÷2
(2+6)×4÷2＝16（cm²）

④

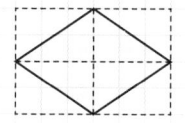

長方形の半分と考えるんだな！

ひし形の面積＝一方の対角線×もう一方の対角線÷2
6×4÷2＝12（cm²）

形の変え方はいろいろあるけど，公式は上の通りだね。

答え ①あ　②い　③え　④う

やってみよう！

1 次の面積を求めましょう。

①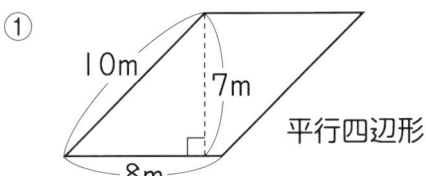

10m　7m　8m　平行四辺形

式

(　　　　　)

②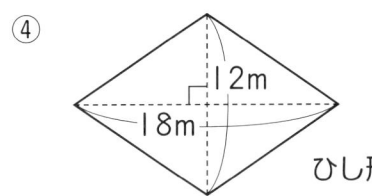

25cm　15cm　10cm

式

(　　　　　)

③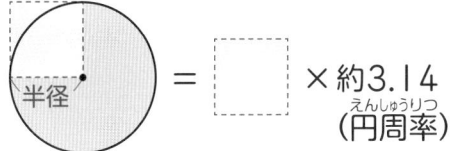

6cm　10cm　8cm　12cm

式

(　　　　　)

④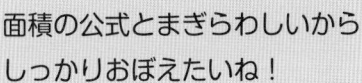

12m　18m　ひし形

式

(　　　　　)

おぼえているかな？

・円の面積…半径を1辺とする正方形の面積の約3.14倍

$$半径　=　□　× 約3.14（円周率）$$

円の面積＝半径×半径×円周率
（円周率は3.14で計算します。）

・円周と円周率
　どんな大きさの円でも，円周÷直径は同じになる。

直径

・円周率＝円周÷直径
　円周率は約3.14
・円周＝直径×円周率

面積の公式とまぎらわしいからしっかりおぼえたいね！

---

2 次の面積を求めましょう。

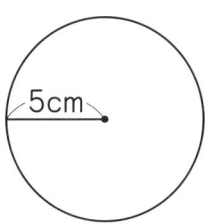

5cm

式

(　　　　　)

ツボ その10 m²とcm²の関係をおさえよう!

できるかな?

☑ 1 m² は何 cm² ですか。

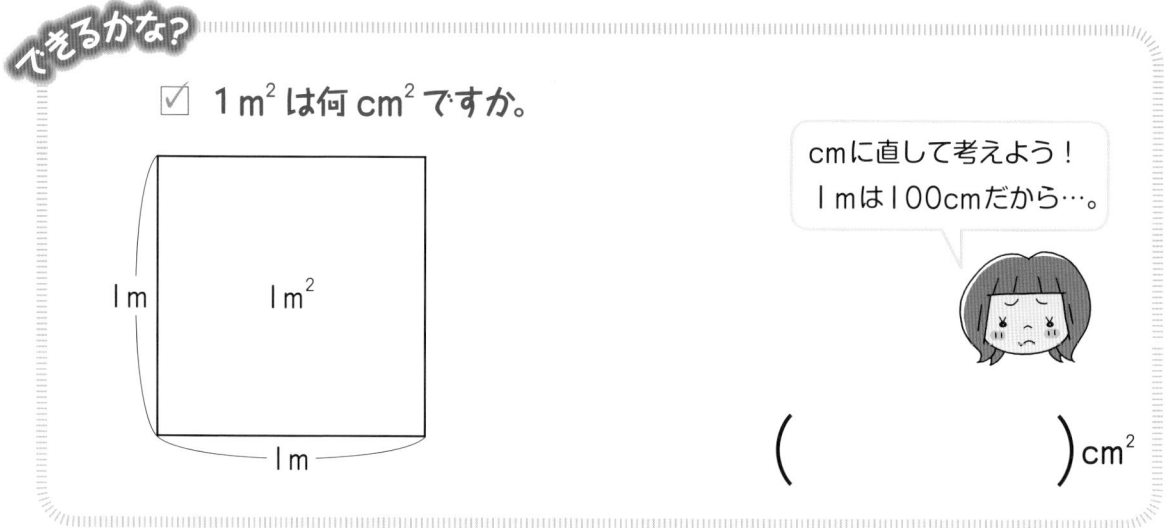

cmに直して考えよう!
1 mは100cmだから…。

(　　　　　　　)cm²

大事なツボ!

1 m²は100×100で10000cm²になる!

1 m²の正方形の中に，1 cm²の正方形を並べて考えてみましょう。

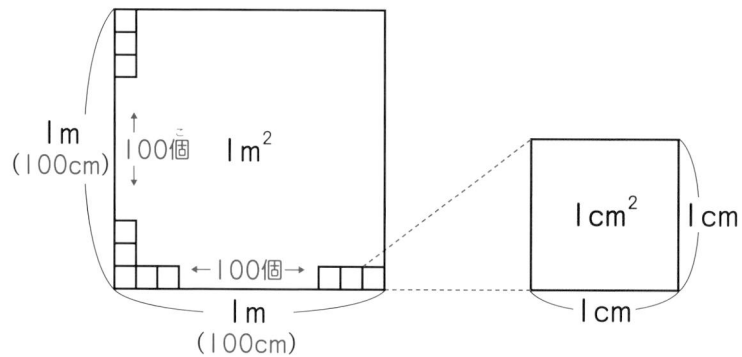

1m=100cmなので，
1cm²の正方形は，縦に100個，横に100個並びます。
100×100=10000なので
　　　1m²=10000cm²

答え  10000

1 次の面積を（　　）の単位で求めましょう。

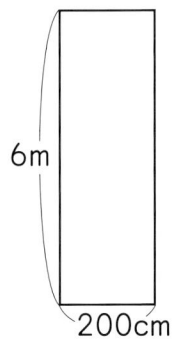

6m
200cm

① (m²)　式

（　　　　）

② (cm²)　式

（　　　　）

おぼえて いるかな？

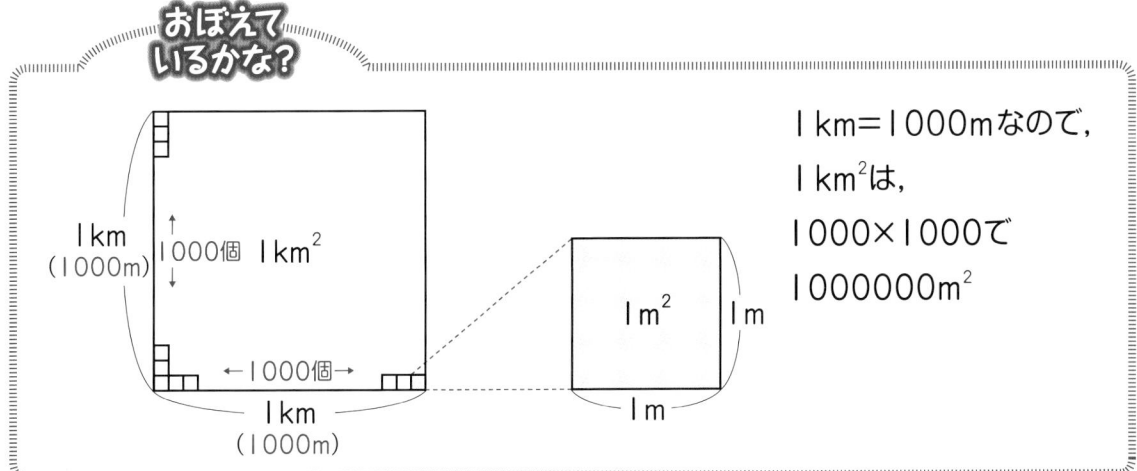

1km
(1000m)

1000個　1km²

←1000個→

1km
(1000m)

1m²　1m

1m

1km=1000mなので，
1km²は，
1000×1000で
1000000m²

2 次の面積を（　　）の単位で求めましょう。

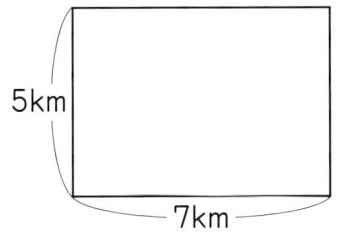

5km
7km

① (km²)　式

（　　　　）

② (m²)　式

（　　　　）

ツボ その11 aとhaの関係をおさえよう！

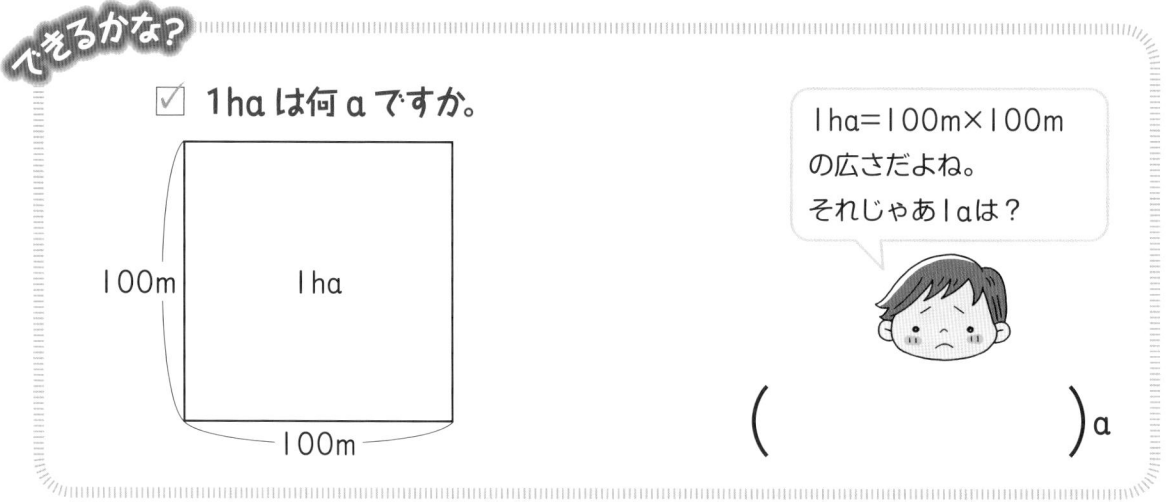

でき るかな?

☑ 1ha は何 a ですか。

100m　1ha　100m

1ha＝100m×100m
の広さだよね。
それじゃあ1aは？

（　　　　　）a

大事な
ツボ！ a, haは正方形の辺の長さで考えよう！

1haの正方形の中に, 1aの正方形を並べて考えます。

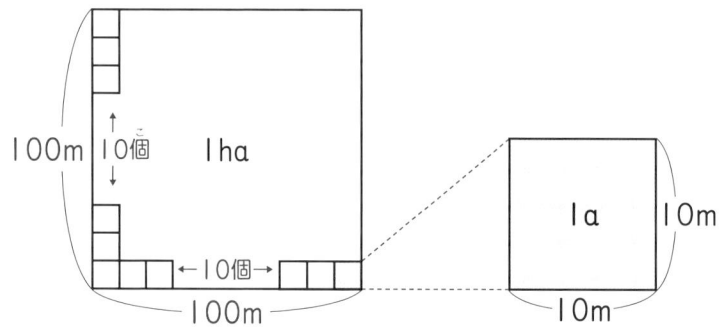

1haの正方形の1辺の長さは100m,

1aの正方形の1辺の長さは10mなので,

1aの正方形は, 縦に10個, 横に10個並びます。

10×10＝100なので

　　1ha＝100a

答え 100

やってみよう！

1 次の面積を（　　）の単位で求めましょう。

(1)

400m
800m

① （ ha ） 式

（　　　　）

② （ a ） 式

（　　　　）

(2)

700m
700m

① （ ha ） 式

（　　　　）

② （ a ） 式

（　　　　）

おぼえて いるかな？

1m², 1a, 1haを並べておさえよう。

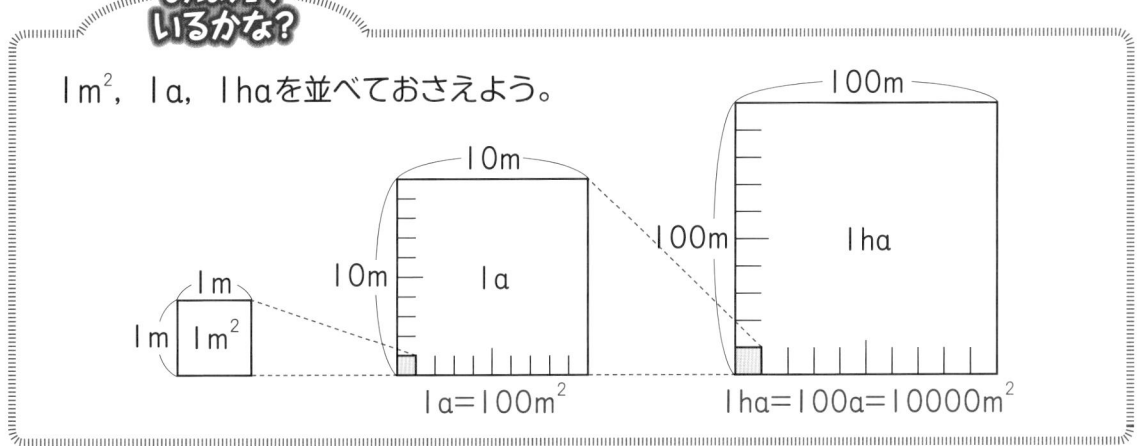

1a=100m²　　1ha=100a=10000m²

2 次の面積を（　　）の単位で表しましょう。

① 5ha（a）　（　　　　）　　② 200a（ha）（　　　　）

③ 3a（m²）　（　　　　）　　④ 500m²（a）（　　　　）

⑤ 6ha（m²）（　　　　）　　⑥ 30000m²（ha）（　　　　）

35

月　日　　　　　点

1 次の図形の面積を求めましょう。

①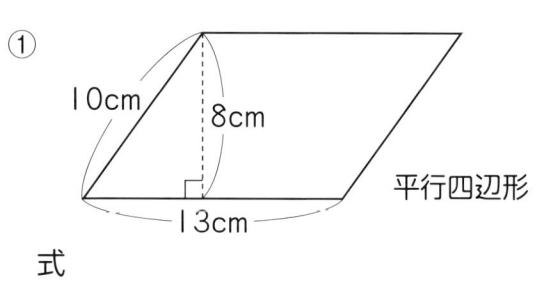

10cm　8cm　13cm　平行四辺形

式

(　　　　　)

②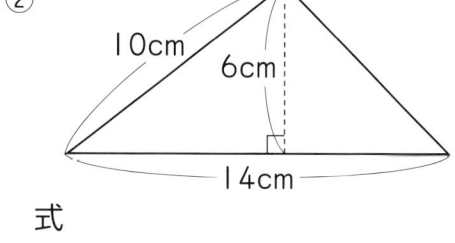

10cm　6cm　14cm

式

(　　　　　)

③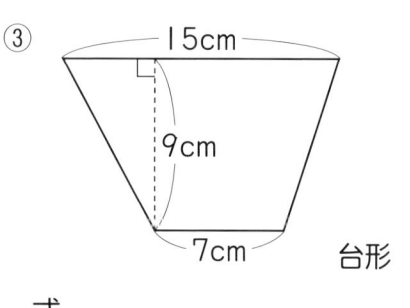

15cm　9cm　7cm　台形

式

(　　　　　)

④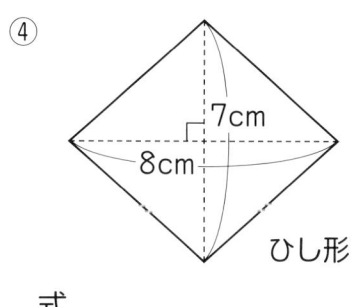

7cm　8cm　ひし形

式

(　　　　　)

⑤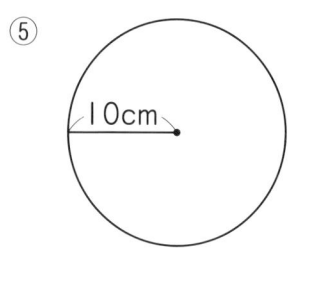

10cm

式

(　　　　　)

⑥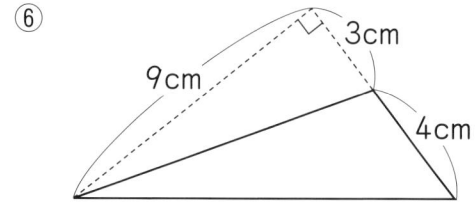

3cm　9cm　4cm

式

(　　　　　)

2 次の図形の面積を求めましょう。　1問 5 点

①

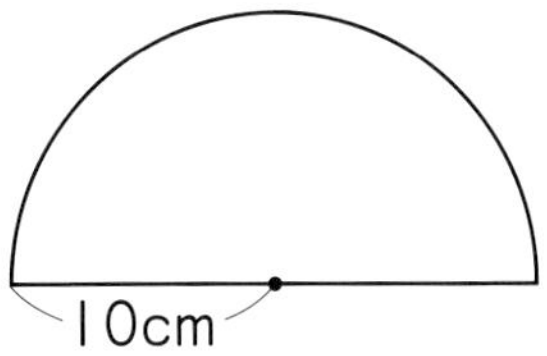

式

(　　　)

②

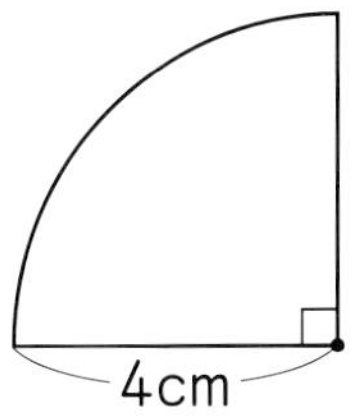

式

(　　　)

3 次の□にあてはまる数を答えましょう。　1問 5 点

① $1m^2$ ＝ □ cm^2

② $40000cm^2$ ＝ □ m^2

③ $1km^2$ ＝ □ m^2

④ $25000000m^2$ ＝ □ km^2

⑤ 1ha ＝ □ a

⑥ 600a ＝ □ ha

⑦ 1a ＝ □ m^2

⑧ 1ha ＝ □ m^2

4 縦(たて)200m，横400mの長方形の形をした牧場(ぼくじょう)があります。　1問 5 点

この牧場の面積を（　）の単位で求(もと)めましょう。

①（ m^2 ）　式　(　　　)

②（ km^2 ）　式　(　　　)

③（ a ）　式　(　　　)

④（ ha ）　式　(　　　)

ツボ その12　cm³，m³の表す大きさをおさえよう！

できるかな？

☑ 次の体積を表す単位を◯で囲みましょう。

①　1辺が1cmの立方体の体積 ……………………………… 1 （　cm³　／　m³　）

②　1辺が1mの立方体の体積 ……………………………… 1 （　cm³　／　m³　）

大事なツボ！

1cm³（1立方センチメートル）は1辺1cmの立方体。

1m³（1立方メートル）は1辺1mの立方体。

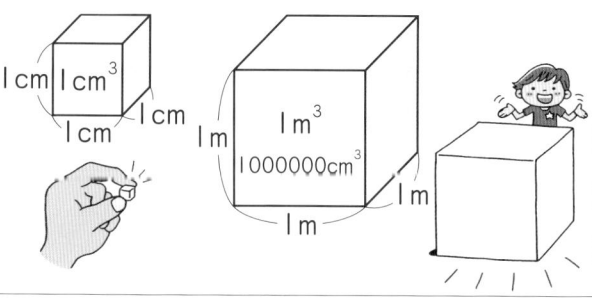

1辺が1cmの立方体の体積は1cm³

1辺が1mの立方体の体積は1m³

1m＝100cmなので，

100×100×100＝1000000

1m³＝1000000cm³

体積は1cm³や1m³が何個分あるかで表します。

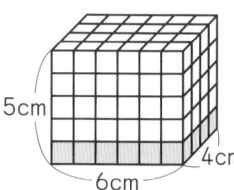

1cm³の立方体が1段目に4×6個あります。それが5段あるので
4×6×5＝120（cm³）

直方体の体積＝縦×横×高さ

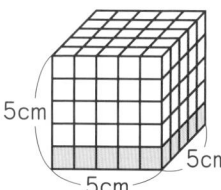

1cm³の立方体が1段目に5×5個あります。それが5段あるので
5×5×5＝125（cm³）

立方体の体積＝1辺×1辺×1辺

おぼえているかな？

体積の単位をなぞって書いてみましょう。

cm³

▲立方センチメートル

m³

▲立方メートル

答え ①　cm³　②　m³

やってみよう！

1 次の体積を求めましょう。

①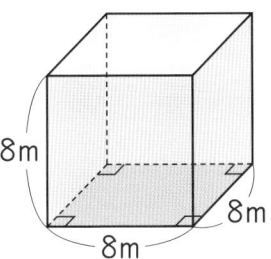

式

(　　　　　)

②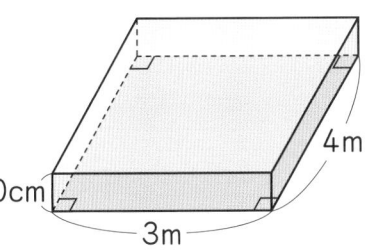

式

(　　　　　)

③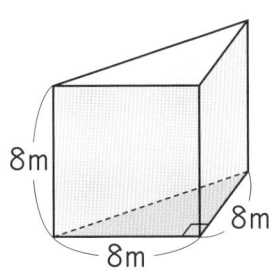

式

長さの単位をそろえて考えよう。

(　　　　　)

2 次の体積を求めましょう。

式

1②の立方体を半分にした形だ！

スパッ

(　　　　　)

おぼえているかな？

・三角柱の体積は立方体か直方体の半分の体積と考えられるね。

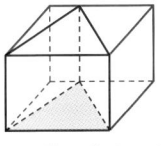

縦×横×高さ÷2

・底面積×高さで三角柱の体積を求めることもできます。

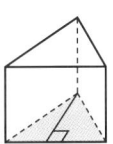

底面積（三角形の面積）×高さ

ツボ その13 液体の量を体積の単位で表そう！

できるかな?

☑ 厚さ1cmの板で，次のような入れ物を作りました。

この入れ物に入る水の体積は何cm³ですか。また何mLですか。

入れ物の内側の長さがわかれば
水の体積を求めることができるね。

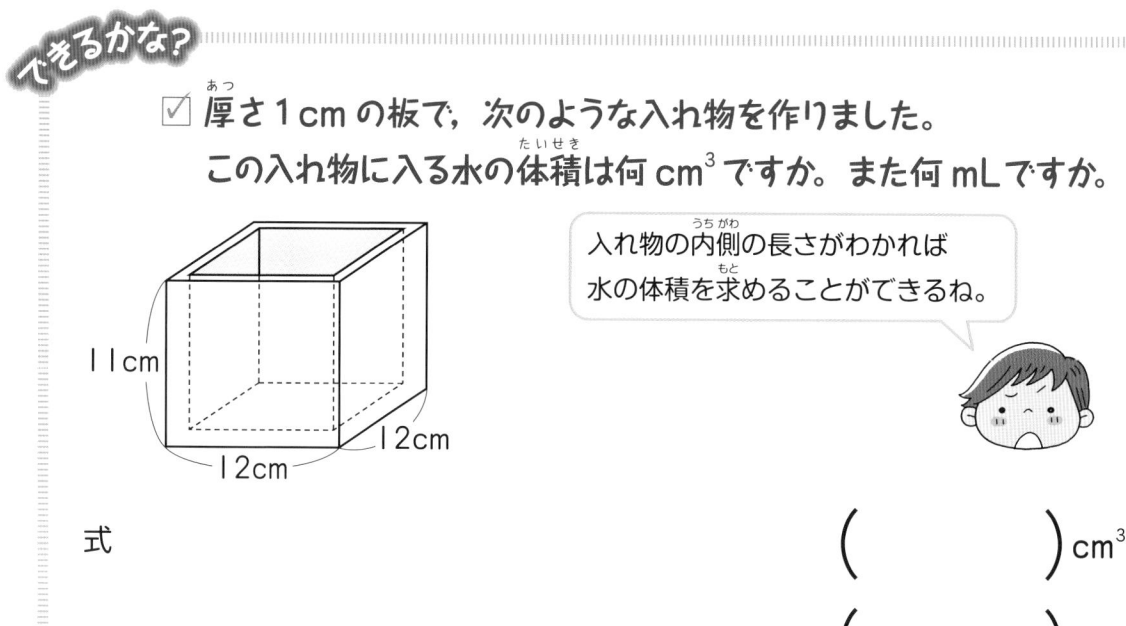

式

（　　　　　）cm³

（　　　　　）mL

大事なツボ！ 1cm³は1mLと同じ量。

1cm³は1mLと同じ量です。

1Lは1000mLなので，1L＝1000cm³です。

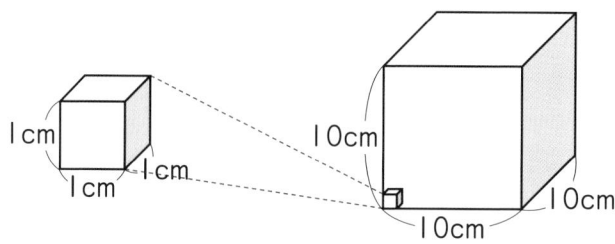

1mL＝1cm³　　　1L＝1000mL＝1000cm³

答え （式）10×10×10＝1000　（答え）1000（cm³）1000（mL）

やってみよう！

1 次の体積は何cm³ですか。また何mLですか。

①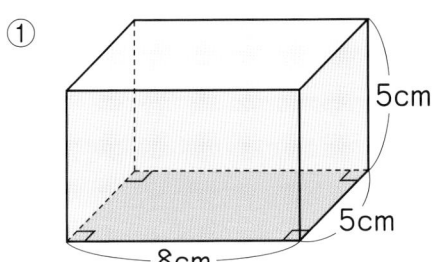

5cm

5cm

8cm

式

$($ $)$cm³

$($ $)$mL

② 40cm

50cm

2m

式

$($ $)$cm³

$($ $)$mL

2 厚さ1cmの板で，次のような直方体をした入れ物を作りました。
この入れ物の容積は何mLですか。また何Lですか。

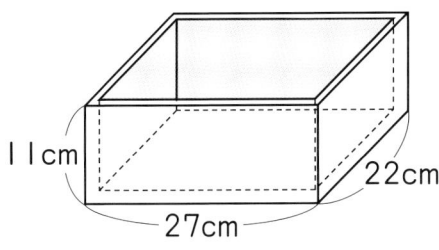

11cm

22cm

27cm

式

$($ $)$mL

$($ $)$L

3 1m³は何Lですか。

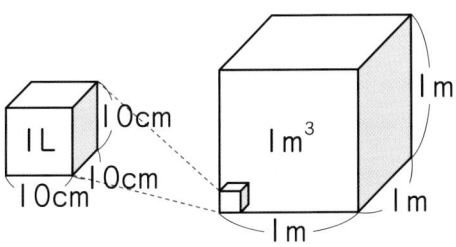

1L

10cm

10cm

10cm

1m³

1m

1m

1m

式

$($ $)$L

41

ツボその14 L, dL, mL, kLに直してみよう!

月　日

できるかな?

☑ 次の □ にあてはまる数を書きましょう。

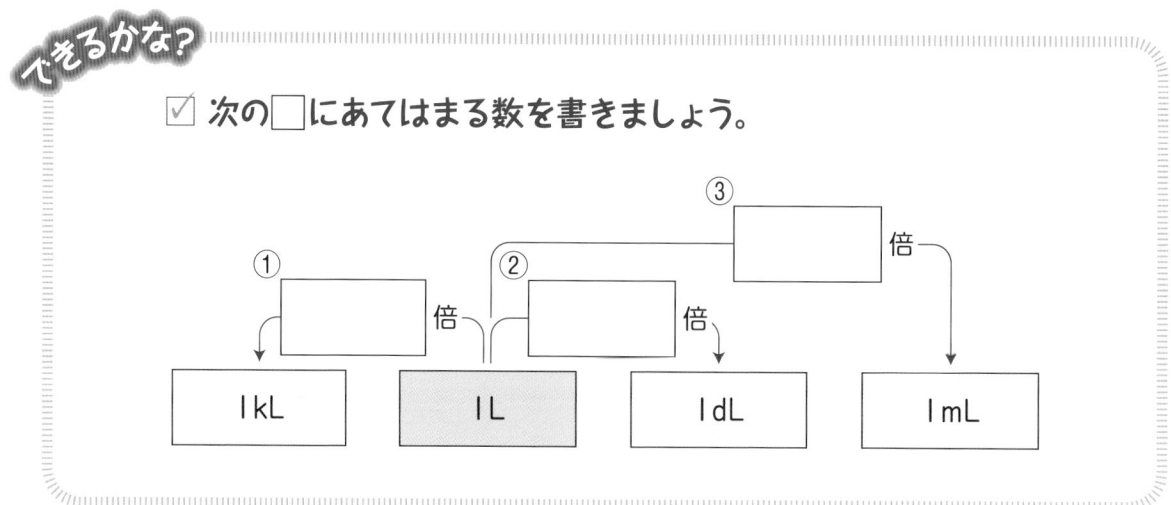

大事なツボ! 体積の単位の関係をおさえよう!

ツボその13（40ページ）で学習したように,

$1cm^3 = 1mL$, $1000cm^3 = 1L$です。

これまでに学習した体積の単位, Lとcm^3・m^3の関係を表でおさえましょう。

大きさを表す言葉	キロ k	ヘクト h	デカ da		デシ d	センチ c	ミリ m
意味	1000倍	100倍	10倍	1	$\frac{1}{10}$倍	$\frac{1}{100}$倍	$\frac{1}{1000}$倍
体積の単位	kL	(hL)	(daL)	L	dL	(cL)	mL

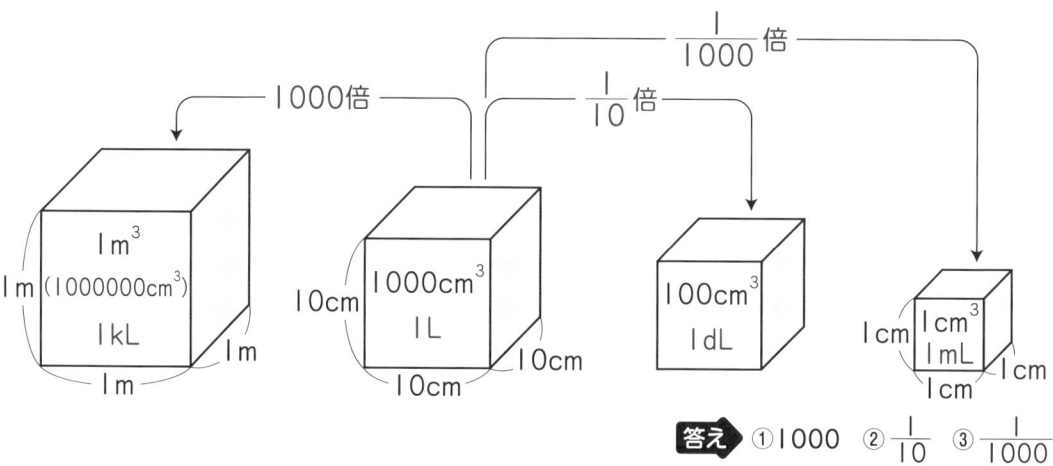

答え ①1000　②$\frac{1}{10}$　③$\frac{1}{1000}$

やってみよう！

1 次の体積を（　）の単位を使って表しましょう。

① 2000L（kL）　　（　　　　　　　）　② 1500mL（L）　（　　　　　　　）

③ 42dL（L）　　　（　　　　　　　）　④ 5dL（mL）　　（　　　　　　　）

2 次の体積は何cm³ですか。

① 8L　　　　　　　（　　　　　　　）　② 7dL　　　　　　（　　　　　　　）

③ 220mL　　　　　（　　　　　　　）　④ 3.2L　　　　　（　　　　　　　）

3 次の（　）にあてはまる単位は，kL，L，dL，mLのうちどれですか。

① ポリタンクに入る灯油の体積　　　　　18（　　　　　）

② 給食の牛乳びんに入る牛乳の体積　　　2（　　　　　）

③ 学校のプールに入っている水の体積　　250（　　　　　）

④ コップに入る水の体積　　　　　　　　200（　　　　　）

> 大きなペットボトルのかさが2L。
> 左ページの表を見ながら考えよう。

4 次のような直方体があります。

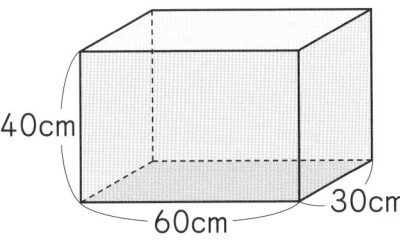

40cm　60cm　30cm

① この直方体の体積は何mLですか。

式

（　　　　　　　）mL

> 1cm³＝1mL だったね。

② この直方体の体積は何dLですか。また何Lですか。

（　　　　　）dL・（　　　　　）L

ツボ
その **15** 水の重さと体積の関係をおさえよう!

できるかな?

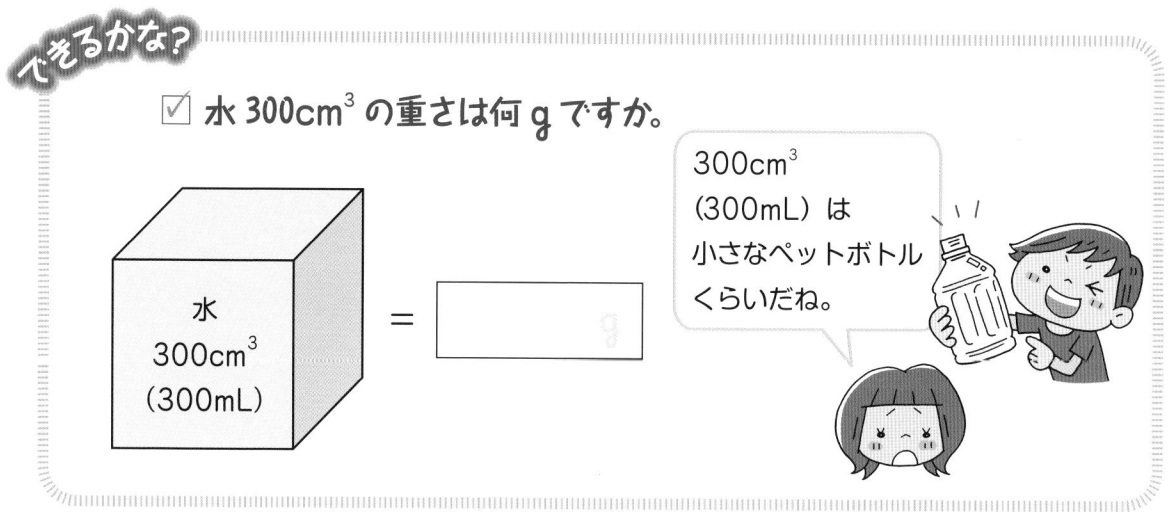

☑ 水 300cm³ の重さは何 g ですか。

水
300cm³
(300mL)
＝ 　　　　　g

300cm³
(300mL) は
小さなペットボトル
くらいだね。

大事な
ツボ! 水1cm³＝1gとおぼえよう!

水 1cm³ (1mL) の重さは 1g です。
水の重さと体積の関係を表にまとめると次のようになります。

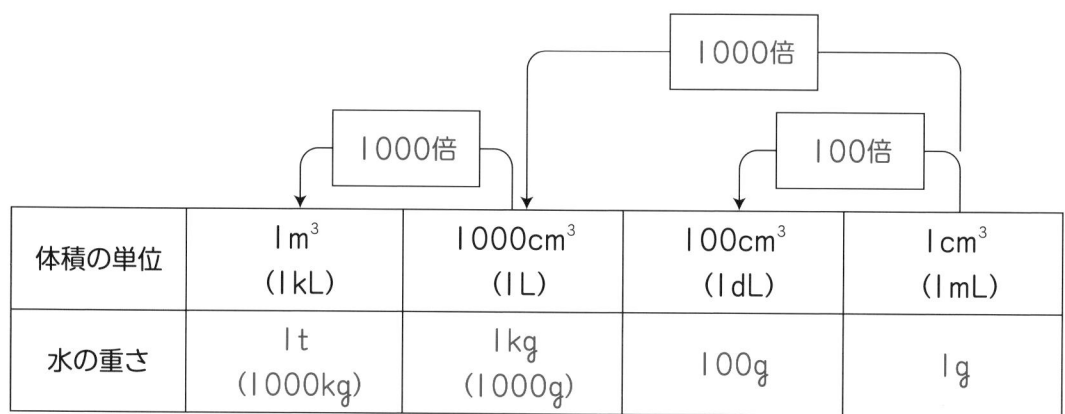

1000倍

1000倍

100倍

体積の単位	1m³ (1kL)	1000cm³ (1L)	100cm³ (1dL)	1cm³ (1mL)
水の重さ	1t (1000kg)	1kg (1000g)	100g	1g

1kg＝1000g,
1t＝1000kgだったね。

答え ▶ 300g

やってみよう！

1 次の（　）にあてはまる単位を書きましょう。

① 800cm³の水の重さ　800 (　　　)

② 2Lの水の重さ　　　2 (　　　)

③ 4dLの水の重さ　　　400 (　　　)

④ 350mLの水の重さ 350 (　　　)

⑤ 300m³の水の重さ　300 (　　　)

2 次の（　）にあてはまる数を書きましょう。

① 1500gの水の体積　(　　　)cm³

② 3kgの水の体積　(　　　)L

③ 480gの水の体積　(　　　)mL

④ 500gの水の体積　(　　　)dL

⑤ 2tの水の体積　(　　　)m³

3 厚さ1cmの板で，次のような直方体をした入れ物を作りました。

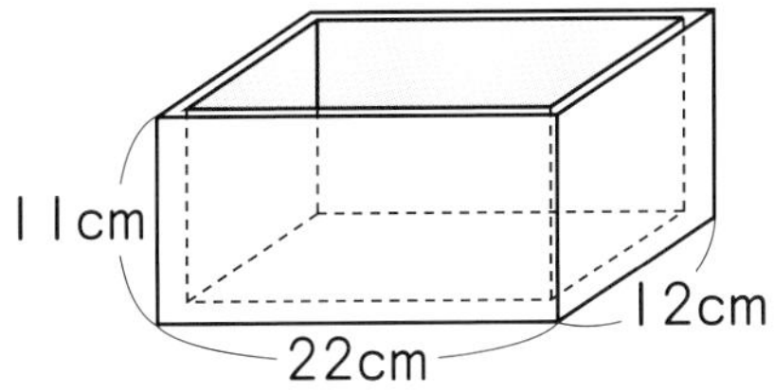

11cm
22cm
12cm

板の厚さ分をひいたら，内側の長さがわかるよね。

① この入れ物の容積は何cm³ですか。

式

(　　　　　　)

② この入れ物の中に入る水は何gですか。

(　　　　　　)

③ この入れ物に水を1000g入れると，水の深さは何cmになりますか。

(　　　　　　)

月　日　　　　　点

1 次の図形の体積を（　　　）の単位で求めましょう。　 1問 **5** 点

① (cm³)

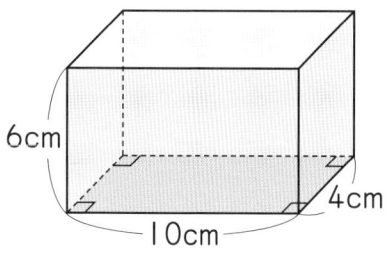

6cm　10cm　4cm

式　　　　　　　　　　　（　　　　　　　）

② (m³)

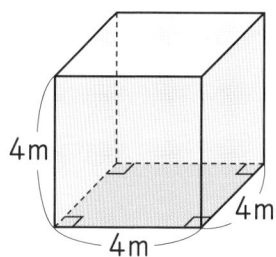

4m　4m　4m

式　　　　　　　　　　　（　　　　　　　）

③ (m³)

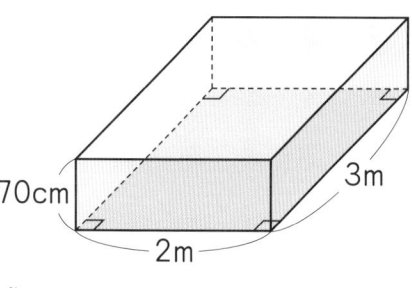

70cm　2m　3m

式　　　　　　　　　　　（　　　　　　　）

④ (cm³)

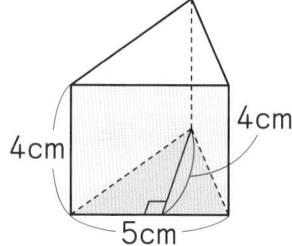

4cm　4cm　5cm

式　　　　　　　　　　　（　　　　　　　）

⑤ (mL)

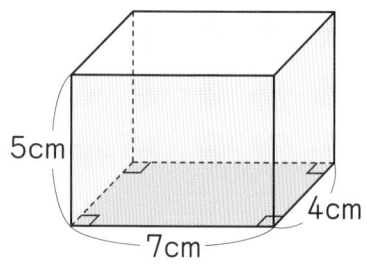

5cm　7cm　4cm

式　　　　　　　　　　　（　　　　　　　）

⑥ (L)

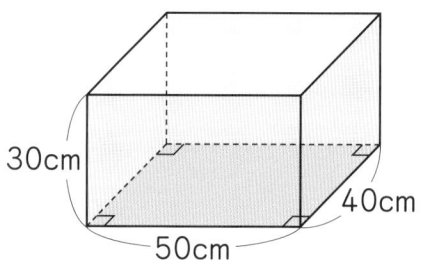

30cm　50cm　40cm

式　　　　　　　　　　　（　　　　　　　）

2 厚さ1cmの板で，次のような直方体をした入れ物を作りました。

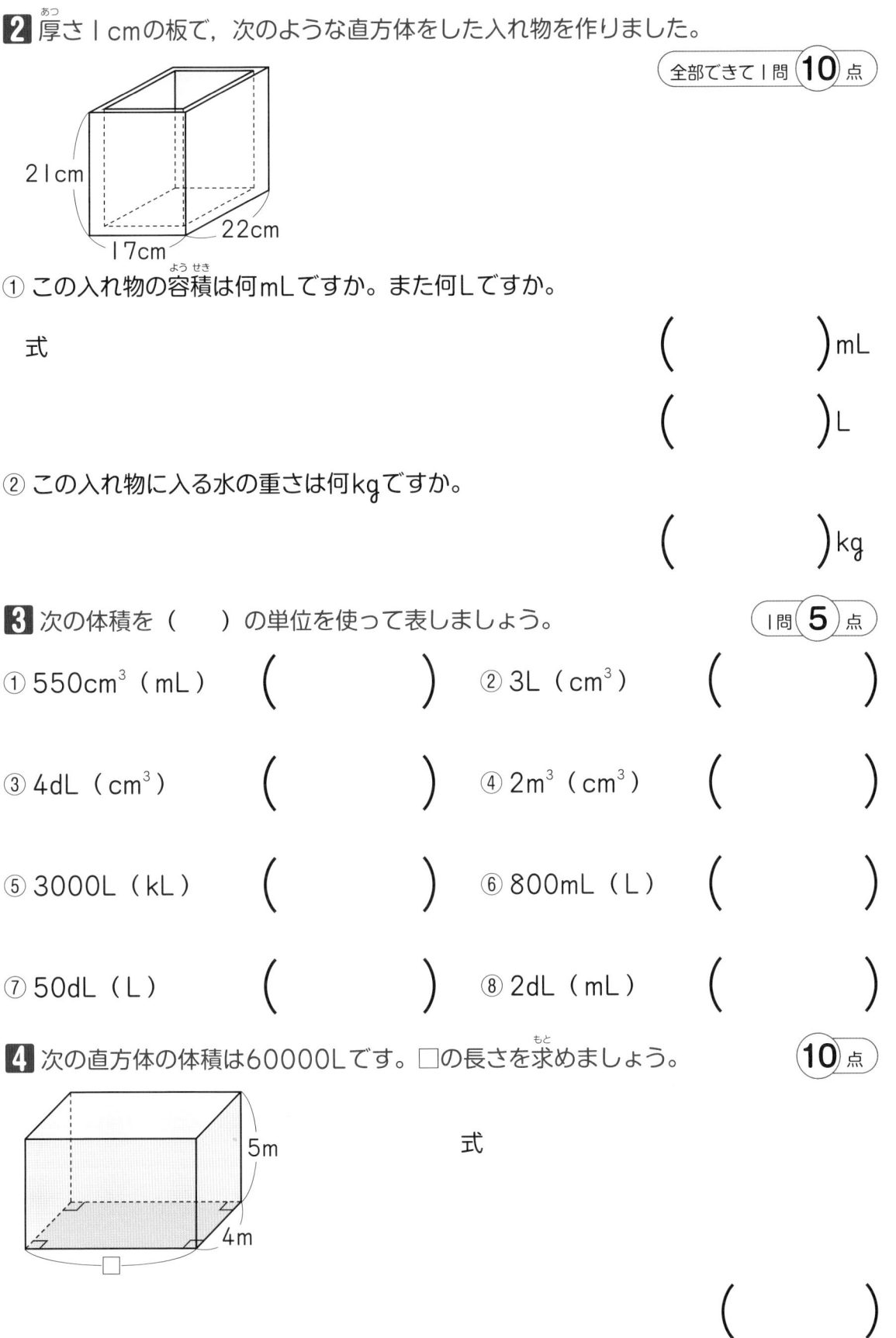

21cm　17cm　22cm

① この入れ物の容積は何mLですか。また何Lですか。

式

（　　　　）mL

（　　　　）L

② この入れ物に入る水の重さは何kgですか。

（　　　　）kg

3 次の体積を（　　）の単位を使って表しましょう。　　　　1問 **5** 点

① 550cm³（mL）　（　　　　）　② 3L（cm³）　（　　　　）

③ 4dL（cm³）　（　　　　）　④ 2m³（cm³）　（　　　　）

⑤ 3000L（kL）　（　　　　）　⑥ 800mL（L）　（　　　　）

⑦ 50dL（L）　（　　　　）　⑧ 2dL（mL）　（　　　　）

4 次の直方体の体積は60000Lです。□の長さを求めましょう。　**10** 点

5m　4m

式

（　　　　）

ツボ その16 メートル法で長さの単位をおさえよう！

月　日

できるかな？

☑ 次の□にあてはまる数を書きましょう。

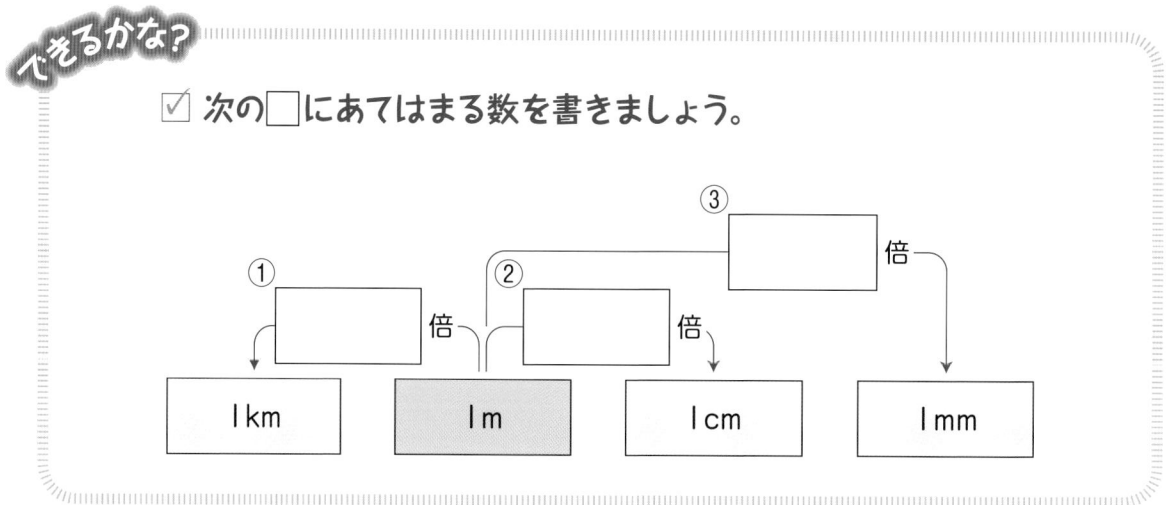

大事な ツボ！ **長さは１mを基本にして何倍かをおさえよう。**

これまで学習してきた単位の仕組みを，メートル法といいます。

メートル法は，もとになる単位 (m) に，10倍，100倍，1000倍……，または $\frac{1}{10}$ 倍，$\frac{1}{100}$ 倍，$\frac{1}{1000}$ 倍……の大きさを表す言葉を組み合わせて，それぞれの大きさの単位を作っています。

大きさを 表す言葉	キロ k	ヘクト h	デカ da		デシ d	センチ c	ミリ m
意味	1000倍	100倍	10倍	1	$\frac{1}{10}$倍	$\frac{1}{100}$倍	$\frac{1}{1000}$倍
長さの単位	km	(hm)	(dam)	m	(dm)	cm	mm

k（キロ）は，1000倍を表すので，１km＝1000m

c（センチ）は，$\frac{1}{100}$ 倍を表すので，１cm＝$\frac{1}{100}$m

m（ミリ）は，$\frac{1}{1000}$ 倍を表すので，１mm＝$\frac{1}{1000}$m

答え ①1000　②$\frac{1}{100}$　③$\frac{1}{1000}$

やってみよう!

1 次の（　）にあてはまる単位を書きましょう。

① 東京スカイツリーの高さ　634（　　）　② １円玉の直径　　　2（　　）

③ シロナガスクジラの体長　30（　　）　④ 富士山の標高　3776（　　）

⑤ マラソンコースの長さ　42.195（　　）　⑥ 新幹線のレールのはば　1435（　　）

⑦ ノートの縦の長さ　25.7（　　）　⑧ 飛行機の飛ぶ高さ　10000（　　）

そうなんだ!　長さの単位を表す漢字

メートルは，漢字で「米」と書くこともできます。それでは，同じように長さの単位を示している「籵，粨，粁」はどのような長さを表しているでしょうか。

> 「米」に「十・百・千」がくっついてる!

籵・・・デカメートル（dam）　　※１デカメートル＝10メートル

粨・・・ヘクトメートル（hm）　　※１ヘクトメートル＝100メートル

粁・・・キロメートル（km）　　※１キロメートル＝1000メートル

ミリメートル，センチメートル，デシメートルは，次のように書くことがあります。

粉・・・デシメートル（dm）　　※１デシメートル＝$\frac{1}{10}$ メートル

糎・・・センチメートル（cm）　　※１センチメートル＝$\frac{1}{100}$ メートル

粍・・・ミリメートル（mm）　　※１ミリメートル＝$\frac{1}{1000}$ メートル

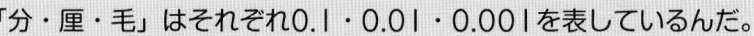

> 「分・厘・毛」はそれぞれ0.1・0.01・0.001を表しているんだ。

2 次の長さを（　）の単位を使って表しましょう。

① 1.5km（m）　　　（　　）　　②140cm（m）　　　（　　）

③ 250mm（cm）　　（　　）　　④3000mm（m）　　（　　）

メートル法で重さ・体積の単位をおさえよう!

月　日

できるかな?

☑ 次の□にあてはまる数を書きましょう。

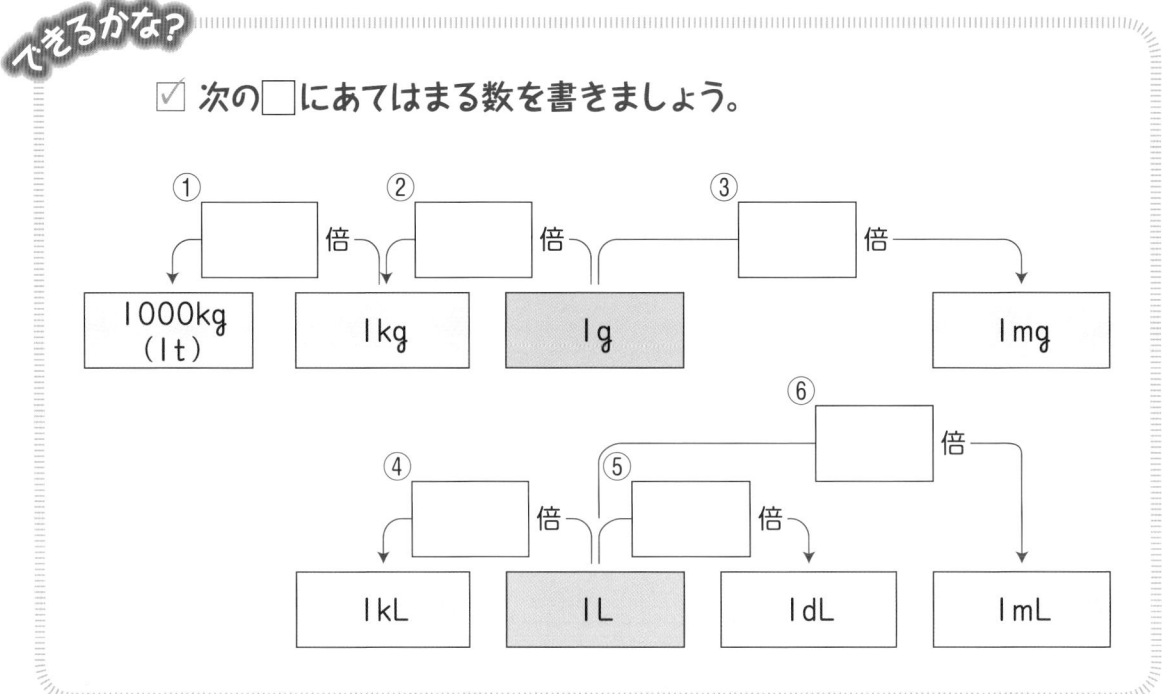

 **大事なツボ!** ## k（キロ）, d（デシ）, m（ミリ）などで大きさがわかる!

大きさを表す言葉に注目して，重さ・体積の単位をおさらいしましょう。

大きさを表す言葉	キロ k	ヘクト h	デカ da		デシ d	センチ c	ミリ m
意味	1000倍	100倍	10倍	1	$\frac{1}{10}$倍	$\frac{1}{100}$倍	$\frac{1}{1000}$倍
長さの単位	km	(hm)	(dam)	m	(dm)	cm	mm
重さの単位	kg	(hg)	(dag)	g	(dg)	(cg)	mg
体積の単位	kL	(hL)	(daL)	L	dL	(cL)	mL

長さと同じように，重さや体積でも，もとになる単位（gやL）に，10倍，100倍，1000倍……，または $\frac{1}{10}$倍, $\frac{1}{100}$倍, $\frac{1}{1000}$倍……の大きさを表す言葉を組み合わせて，それぞれの大きさの単位を作っています。

答え ①1000　②1000　③$\frac{1}{1000}$　④1000　⑤$\frac{1}{10}$　⑥$\frac{1}{1000}$

やってみよう！

1 次の（　　）にあてはまる単位を書きましょう。

① ゾウの体重　　　4500（　　　　）　　② 1円玉の重さ　　　1（　　　　）

③ 小さじ1ぱいの食塩の重さ　6（　　　　）　　④ かんジュースの体積　350（　　　　）

⑤ ドラムかんの体積　200（　　　　）　　⑥ コップ1ぱいの水の　2（　　　　）
　　　　　　　　　　　　　　　　　　　　　　体積

2 次の重さや体積を（　　）の単位を使って表しましょう。

① 6.3kg（g）　　（　　　　　　　）　　② 2000mg（g）　（　　　　　　　）

③ 650g（kg）　　（　　　　　　　）　　④ 1800mL（L）　（　　　　　　　）

⑤ 5dL（L）　　　（　　　　　　　）　　⑥ 1.7kL（L）　　（　　　　　　　）

そうなんだ！　身近な物の単位に注目しよう。

内容量：500mL

ペットボトル

栄養成分表示
（1粒3.5gあたり）
たんぱく質0.15g，炭
水化物2.93g
ナトリウム3.5mg……

キャンディ

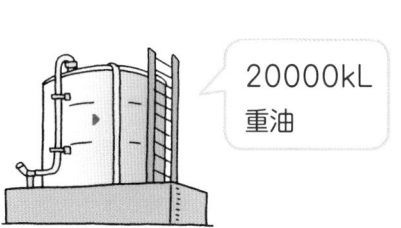

20000kL
重油

重油タンク

75cL

外国のボトル

CL（センチリットル）
はあまり日本では見な
いかも！
750mLのことだね。

51

ふりかえるチェック ❻

月　日　　　　点

1 次の□にあてはまる数を書きましょう。　　　　1つ **2** 点

(1) 長さの単位

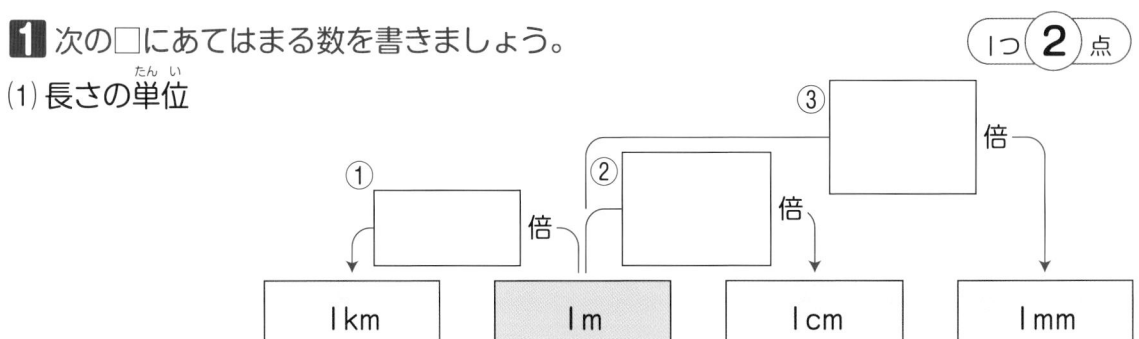

(2) 重さの単位

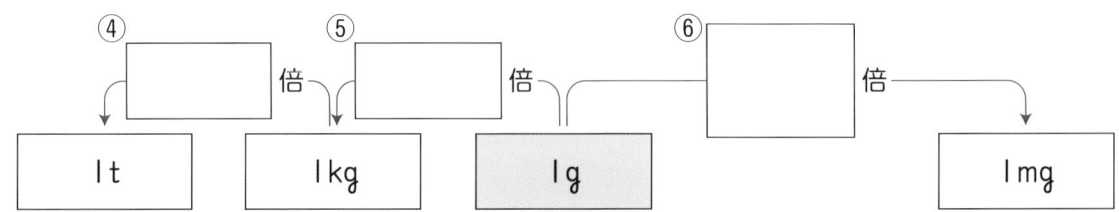

(3) 体積の単位

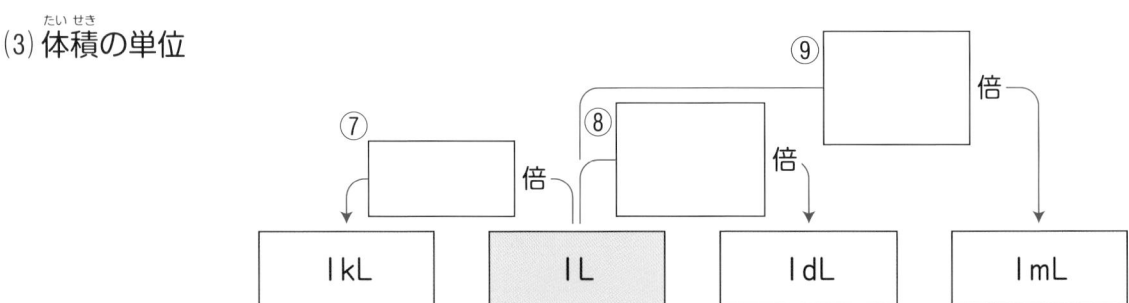

2 ①〜⑩に数や単位を書いて表を完成させましょう。　　　　1つ **3** 点

大きさを表す言葉	キロ k	ヘクト h	デカ da		デシ d	センチ c	ミリ m
意味（倍）	①	100	10	1	②	③	④
長さの単位	⑤	(hm)	(dam)	m	(dm)	⑥	⑦
重さの単位	⑧	(hg)	(dag)	g	(dg)	(cg)	mg
体積の単位	⑨	(hL)	(daL)	L	⑩	(cL)	mL

3 （　　）の単位を使って表しましょう。 1つ **3** 点

① 5km（m）　　（　　　　　　　）　　② 408cm（m）　（　　　　　　　）

③ 900mm（m）　（　　　　　　　）　　④ 250mm（cm）　（　　　　　　　）

⑤ 32kg（g）　　（　　　　　　　）　　⑥ 1500mg（g）　（　　　　　　　）

⑦ 2700mL（L）　（　　　　　　　）　　⑧ 6dL（L）　　　（　　　　　　　）

⑨ 3kL（L）　　　（　　　　　　　）　　⑩ 5.2dL（mL）　（　　　　　　　）

4 次の□にあてはまる数を書きましょう。

(1) 面積の単位 1つ **5** 点

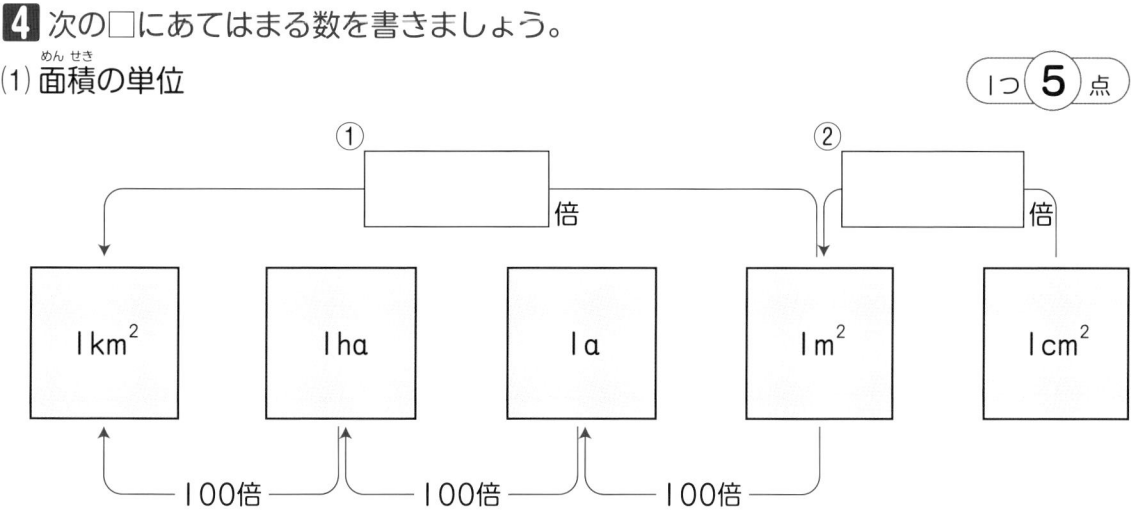

(2) 体積の単位 1つ **4** 点

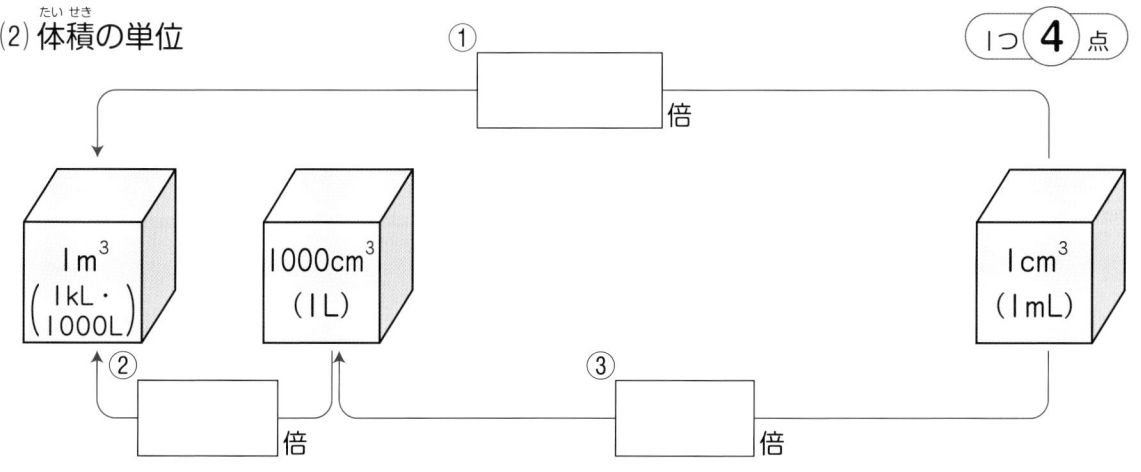

ツボ その18 人口密度の表し方をおさえよう！

できるかな？

☑ 東京都と大阪府の人口密度を求めましょう。

答えは四捨五入して，上から2けたのがい数で表しましょう。

	人口（人）	面積（km²）
東京都	1316万	2188
大阪府	887万	1898

計算するときに電卓を使ってもいいよ。

式　東京都

　　大阪府

東京都 （　　　　　　人） 大阪府 （　　　　　　人）

大事なツボ！

1km²に何人いるかが人口密度！

単位面積（1km²）あたりの人口を「人口密度」といいます。
人口密度は，人口÷面積で求めることができます。

上から2けたのがい数だから，十の位を四捨五入だね。

東京都	13160000÷2188＝6014.6…	約6000人
大阪府	8870000÷1898＝4673.3…	約4700人

この計算から，
東京都は，1km²あたり平均6000人，
大阪府は，1km²あたり平均4700人
の人が住んでいることがわかります。

VS

こっちの方がこんでるね…。

こっちの方がすいてるぞ…。

答え （式）上の□の式。 （答え）東京都　6000（人）　大阪府　4700（人）

やってみよう!

1 北海道の人口は551万人，面積は83457km²です。北海道の人口密度を求めましょう。答えは四捨五入して，上から2けたのがい数で表しましょう。

式

( )

2 Aのうさぎ小屋と，Bのうさぎ小屋ではどちらがこんでいますか。

	うさぎの数（ひき）	面積（m²）
A	8	12
B	9	15

人口密度と同じように，1m²あたりのこみ具合を比べよう。

(1) 1m²あたりのうさぎの数を求めて比べてみましょう。

式　A

　　B

( ) がこんでいる。

(2) 1ぴきあたりの面積を求めて比べてみましょう。

式　A

　　B

( ) がこんでいる

こみ具合と同じように，単位量あたりの大きさを求めよう。

3 ガソリン15Lで120km走る車があります。

(1) この車は，ガソリン1Lあたり何km走ることができますか。

式

( )

(2) この車は，9Lのガソリンで何km走ることができますか。

式

( )

速さの表し方をおさえよう！

できるかな？

☑ Aの車は，3時間で150km走りました。

Bの車は，4時間で180km走りました。

どちらの車のほうが速いといえますか。

	時間（時間）	道のり（km）
A	3	150
B	4	180

式　A

　　B

（　　　　　　　　　）のほうが速い

大事な ツボ！  1時間に何km走ったかが時速！

速さは，単位時間あたりに進む道のりで表すことができます。

速さ＝道のり÷時間

　時速……1時間あたりに進む道のりで表した速さ

　分速……1分間あたりに進む道のりで表した速さ

　秒速……1秒間あたりに進む道のりで表した速さ

・Aの時速……150÷3=50　時速50km

```
0        □              150   (km)
├────────┼──────┼──────┤
0        1              3     (時間)
```

・Bの時速……180÷4=45　時速45km

```
0       □                180 (km)
├───────┼──────┼──────┼──────┤
0       1                4    (時間)
```

Aは1時間あたり50km，Bは1時間あたり45km走るので，Aのほうが速い。

答え （式）A…150÷3=50，B…180÷4=45　（答え）Aの車

1 156kmの道のりを3時間で走る車があります。この車の時速を求めましょう。

式

時速 $($ 　　　　 $)$

2 A，B，2つの回転ずし店があります。A店のすしは5分で12m，B店のすしは8分で20m進みます。どちらのお店のすしのほうが速く進みますか。

式　A

　　B

$($ 　　　　　　 $)$

3 100mを8秒で走ることができるうさぎがいます。

① このうさぎの秒速を求めましょう。

式

秒速 $($ 　　　　 $)$

② このうさぎの分速と時速を求めましょう。

式

分速 $($ 　　　　 $)$

時速 $($ 　　　　 $)$

4 時速70kmで走る車があります。

① この車が4時間で走る道のりは何kmですか。

式

$($ 　　　 $)$

② この車で420km進むには何時間かかりますか。

式

$($ 　　　 $)$

ツボ その20 百分率（％）の表し方をおさえよう！

できるかな?

☑ バスケットボールのシュート練習をしたら，12 回投げたうちの 9 回が入りました。

① 投げた回数をもとにしたときの，入った回数の割合を求めましょう。

式

（　　　　　　　　）

② 入った回数の割合を，百分率で表しましょう。

（　　　　　　　　）

電卓を使っても
いいよ。

大事なツボ！ もとにする量を100％とすると，比べられる量（比べる量）はいくつになるかが百分率！

もとにする量を1とみたとき，比べられる量がどれだけかを割合といいます。

① 割合は次の式で求めます。

割合＝比べられる量÷もとにする量
　　　　9　　÷　　12

9÷12＝0.75

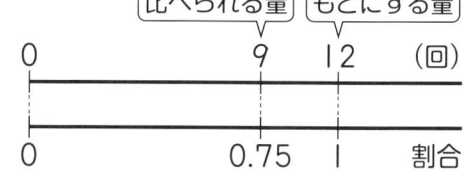

シュートした数12を1とみると，入った数は0.75にあたります。

② 百分率は，もとにする量を100とみた割合の表し方です。

割合を表す1　　　⇒　　100％
割合を表す0.01　⇒　　1％

0.75を百分率で表すと，75％になります。

答え ①（式）9÷12＝0.75　（答え）0.75
　　②75％

やってみよう！

1 次の割合を百分率で表しましょう。

① 0.63 　　　　　（　　　　　） 　② 0.02 　　　　　（　　　　　）

③ 0.5 　　　　　（　　　　　） 　④ 1.2 　　　　　（　　　　　）

2 Ａ小学校の子ども620人のうち，155人が校庭で遊んでいます。
全校の子どもの数をもとにした，校庭で遊んでいる子どもの人数の割合を求め，百
分率で表しましょう。

　　式 　　　　　　　　　　　　　　　　　　　　　　　　（　　　　　）

3 500mL入りのジュースがあります。このジュースには，果じゅうが30％ふくま
れています。このジュースに入っている果じゅうは何mLですか。

　　式 　　　　　　　　　　　　　　　　　　　　　　　　（　　　　　）

4 花だんに花を植えます。今8m²の部分に花を植えました。これは花だん全体の広
さの25％にあたります。花だん全体の面積は何m²ですか。

　　式

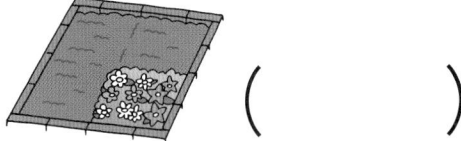

　　　　　　　　　　　　　　　　　　　　　　　　　　　（　　　　　）

5 150円のペンを20％びきで買いました。代金はいくらですか。

　　式 　　　　　　　　　　　　　　　　　　　　　　　　（　　　　　）

おぼえているかな？

割合を表す0.1を1割，0.01を1分，0.001を1厘と表すことがあります。
このように表した割合を歩合といいます。

割合を表す数	1	0.1	0.01	0.001
百分率	100%	10%	1%	0.1%
歩合	10割	1割	1分	1厘

月　日　　　　　点

1 沖縄県の人口は約142万人，面積は約2277km²です。沖縄県の人口密度を求めましょう。答えは四捨五入して，一の位までのがい数で表しましょう。　**5**点

式

(　　　　　)

2 A町の面積は40km²で人口密度は629人です。A町の人口を求めましょう。

式　　　　　　　　　　　　　　　　　　　　　　**5**点

(　　　　　)

3 15Lのガソリンで210km走る自動車Aと，20Lのガソリンで270km走る自動車Bがあります。同じ量のガソリンでは，どちらの自動車の方が長いきょりを走ることができますか。　**10**点

式　A

　　B

(　　　　　)

4 440kmの道のりを2時間で走る新幹線があります。　1問**10**点

① この新幹線の時速を求めましょう。

式

時速(　　　　　)

② 同じ速さで3時間30分走ると，何km進みますか。

式

(　　　　　)

③ 1100km進むには，何時間かかりますか。

式

(　　　　　)

60

5 チーターは1分間に1.8km走ることができます。 全部できて1問 **10** 点

① チーターの時速と秒速を求めましょう。

式

時速 (　　　　　　　) 秒速 (　　　　　　　)

② チーターが100mを走るのにかかる時間は何秒ですか。答えは小数第一位までのがい数で表しましょう。

式

(　　　　　　　)

6 150cmのリボンのうち，120cmを使いました。使ったリボンの，もとの長さに対する割合を，百分率と歩合で表しましょう。 全部できて **10** 点

式

百分率 (　　　　　　　)

歩合 (　　　　　　　)

7 ゆみさんの学校では今日18人の児童が欠席しました。これは全校児童の3%にあたります。ゆみさんの学校の児童は全部で何人いますか。 **10** 点

式

(　　　　　　　)

8 定価が3800円のスニーカーが，定価の25%びきで売られています。売値はいくらですか。 **10** 点

式

25%引き

(　　　　　　　)

単位マスター
認定テスト

月　　日　　　　　点

1 次の長さ・重さ・かさを,（　　）の単位を使って表しましょう。　　1問 **2** 点

① 1m60cm（m）　（　　　　　）　　② 480cm（m）　（　　　　　）

③ 972m（km）　（　　　　　）　　④ 2405m（km）　（　　　　　）

⑤ 6cm（m）　（　　　　　）　　⑥ 14mm（m）　（　　　　　）

⑦ 2kg400g（kg）　（　　　　　）　　⑧ 150g（kg）　（　　　　　）

⑨ 5250kg（t）　（　　　　　）　　⑩ 70kg（t）　（　　　　　）

⑪ 2L500mL（L）　（　　　　　）　　⑫ 3400mL（L）　（　　　　　）

⑬ 35mL（dL）　（　　　　　）　　⑭ 128L（kL）　（　　　　　）

2 次の時間を分数で表しましょう。　　1問 **3** 点

① 20分＝（　　　　）時間　　② 12分＝（　　　　）時間

③ 45分＝（　　　　）時間　　④ 36秒＝（　　　　）分

⑤ 10秒＝（　　　　）分　　⑥ 75分＝（　　　　）時間

⑦ 80分＝（　　　　）時間　　⑧ 90秒＝（　　　　）分

3 縦150m，横600mの長方形の形をした畑があります。
この畑の面積を，（　）の単位で求めましょう。

① （ m^2 ）　式　　　　　　　　　　　　　　（　　　　　　　　　）

② （ km^2 ）　式　　　　　　　　　　　　　　（　　　　　　　　　）

③ （ a ）　式　　　　　　　　　　　　　　　　（　　　　　　　　　）

④ （ ha ）　式　　　　　　　　　　　　　　　（　　　　　　　　　）

4 次の体積を，（　）の単位を使って表しましょう。

① 20cm^3 （ mL ）　（　　　　　　）　　② 500cm^3 （ dL ）　（　　　　　　）

③ 2kL （ m^3 ）　　（　　　　　　）　　④ 2000cm^3 （ L ）　（　　　　　　）

5 （　）にあてはまる数を書きましょう。

① 50gの水の体積　（　　　　　）cm^3　　② 2kgの水の体積　（　　　　　）cm^3

③ 4tの水の体積　　（　　　　　）m^3　　④ 10dLの水の体積　（　　　　　）cm^3

6 青森県の人口は137万人，面積は9645km^{2}です。青森県の人口密度を求めましょう。答えは四捨五入して上から2けたのがい数で表しましょう。

式

　　　　　　　　　　　　　　　　　　　　　　　　　（　　　　　　　）

算数

小学**4・5・6**年生の

単位をおさらいできる本

2020年2月　第1版第1刷発行
2023年11月　第1版第3刷発行

カバー・本文デザイン／伊藤祝子
カバーイラスト／法嶋かよ
本文イラスト／アキワ シンヤ

※本書は『6年生のうちにふりかえっておきたい　単位のツボ』
　を改題したもので、内容は同じです。

発行人／志村直人
発行所／株式会社くもん出版
　　　　〒141-8488
　　　　東京都品川区東五反田 2-10-2　東五反田スクエア 11F
　　　☎編集　　　03-6836-0317
　　　　営業　　　03-6836-0305
　　　　代表　　　03-6836-0301
印刷・製本／図書印刷株式会社

くもん出版ホームページアドレス
https://www.kumonshuppan.com/

CD57326

算数

小学 **4 5 6** 年生の

単位を おさらい できる本

答え

まちがえた問題は,
答えと考え方を見直しましょう。
直したら100点にしましょう。

1
① 40mm ② 2cm
③ 25mm ④ 5cm2mm
⑤ 200cm ⑥ 730cm
⑦ 1000m ⑧ 1km450m
⑨ 30dL ⑩ 4L8dL
⑪ 1L6dL ⑫ 4000mL
⑬ 600mL ⑭ 2kL
⑮ 1720L ⑯ 4000L
⑰ 5000g ⑱ 2140g
⑲ 4kg150g ⑳ 2000kg
㉑ 5t825kg ㉒ 42000kg

考え方

1cm＝10mm, 1m＝100cm,
1km＝1000m
1L＝10dL＝1000mL,
1dL＝100mL, 1kL＝1000L
1kg＝1000g, 1t＝1000kg
長さ, かさ, 重さの単位の関係をおさえておき
ましょう。

2
① 0.2cm ② 8mm
③ 1.4cm ④ 27mm
⑤ 0.6L ⑥ 3dL
⑦ 5.3L ⑧ 28dL

考え方

1cm＝10mmだから, 0.1cm＝1mm。
1L＝10dLだから, 0.1L＝1dL。

3
① $\frac{1}{3}$ m ② $\frac{3}{4}$ m

③ $1\frac{5}{6}$ m $\left(\frac{11}{6}m\right)$

④ $1\frac{2}{3}$ m $\left(\frac{5}{3}m\right)$

1

4 ① 1日　② 48時間
　　③ 1時間20分　④ 180分
　　⑤ 100分　⑥ 60秒
　　⑦ 1分15秒　⑧ 3分

考え方
1日＝24時間，1時間＝60分，
1分＝60秒
ほかの単位とは，何倍の関係がちがうので注意
しましょう。

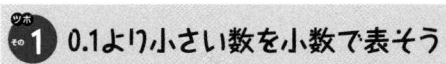
ツボ その1　0.1より小さい数を小数で表そう！

9ページ

やってみよう！

1　ア 3.72　イ 3.85
　　ウ 3.871　エ 3.877

考え方 数直線をよむときには，1めもりの
大きさを考える。左側の数直線は，3.7から
3.8までの間に10個のめもりがあるので，1
めもりの大きさは0.01。右側の数直線は，
3.87から3.88の間に10個のめもりがあるの
で，1めもりの大きさは0.001。

2　① 3.14　② 0.074　③ 8.256

3　① 4.56　② 4.97　③ 4.21

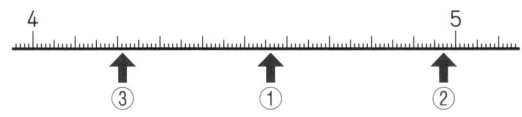

考え方 4から5までの間に100個のめもりが
あるので，1めもりの大きさは0.01です。

ツボ その2　$\frac{1}{10}$，$\frac{1}{100}$，$\frac{1}{1000}$ で
長さの単位を考えよう！

11ページ

やってみよう！

1　① ア 0.01m　イ 0.43m　ウ 0.8m
　　　エ 1.02m　オ 1.39m
　　② ア 1cm　イ 43cm　ウ 80cm
　　③ エ 1m2cm　オ 1m39cm

考え方 1めもりの長さは0.01m。
$0.01m＝1mの\frac{1}{100}＝1cm$

2　① 235cm　② 3.7m　③ 42195m
　　④ 0.75km

考え方 100cm＝1m，1000m＝1kmをもと
にして $\frac{1}{10}$，$\frac{1}{100}$ …の長さを考えます。

100cm ＝ 1m	1000m ＝ 1km
10cm ＝ 0.1m	100m ＝ 0.1km
1cm ＝ 0.01m	10m ＝ 0.01km
	1m ＝ 0.001km

③ $\frac{1}{10}$, $\frac{1}{100}$, $\frac{1}{1000}$で 重さの単位を考えよう！

13ページ

やってみよう！

1 ① 2.348kg ② 3.217kg
③ 5.6kg ④ 7.015kg ⑤ 2.02kg

2 ① 0.825kg ② 0.065kg
③ 3.517kg ④ 6.05kg
⑤ 0.002kg

考え方 1000g＝1kgをもとにして$\frac{1}{10}$,
$\frac{1}{100}$…の大きさを考えます。

```
1000g = 1kg
 100g = 0.1kg
  10g = 0.01kg
   1g = 0.001kg
```

3 ① 6925g ② 1.5t ③ 2.814g
④ 5200kg ⑤ 4820mg

考え方 1t＝1000kg，1mg＝0.001g

1000kg = 1t 100kg = 0.1t	1000mg = 1g 100mg = 0.1g 10mg = 0.01g 1mg = 0.001g

④ $\frac{1}{10}$, $\frac{1}{100}$, $\frac{1}{1000}$で かさの単位を考えよう！

15ページ

やってみよう！

1 ① 1.485L ② 0.35L
③ 7.523L ④ 2.02L

考え方 1000mL＝1Lをもとにして，$\frac{1}{10}$,
$\frac{1}{100}$…の大きさを考えます。

```
1000mL = 1L
 100mL = 0.1L
  10mL = 0.01L
   1mL = 0.001L
```

2 ① 8個 ② 53個 ③ 175個

3 ① 0.26L ② 260mL
③ 2.6dL

考え方 0.1L＝100mL＝1dL
図のマスは0.1Lマスなので，1めもりは
0.01L。

3

1 ①ア 0.01　イ 0.08　ウ 0.11
　　　エ 0.19　オ 0.25
　　②ア 1個　イ 8個　ウ 11個
　　　エ 19個　オ 25個

考え方 1めもりの大きさ0.01に注意する。

2

(1)

(2)　① 0.82　② 0.08　③ 382
　　④ 1を3個, 0.1を8個,
　　　0.01を2個

3　① 148cm　② 3.25m　③ 0.07m
　　④ 0.38km　⑤ 2045m

4　① 3.715kg　② 7002g
　　③ 5.8kg　④ 0.023kg　⑤ 7600kg

5　① 2650mL　② 1.8L　③ 0.03L
　　④ 450mL　⑤ 0.5dL

6　①＞　②＜　③＞　④＜　⑤＞

考え方 大きな位から順に, 大きさを比べていきます。

ツボ その5 分数で長さやかさを表そう!

19ページ

やってみよう!

1　① $1\frac{2}{3}$ m, $\frac{5}{3}$ m　② $2\frac{1}{4}$ m, $\frac{9}{4}$ m

考え方 ① $\frac{3}{3}$ mが1m。　② $\frac{4}{4}$ mが1m。

2　① $2\frac{4}{5}$ L, $\frac{14}{5}$ L

　　② $1\frac{3}{10}$ L, $\frac{13}{10}$ L

　　③ $2\frac{1}{4}$ L, $\frac{9}{4}$ L

ツボ その6 時間を分数で表そう!

21ページ

やってみよう!

1　① $\frac{1}{3}$ 時間　② $\frac{1}{12}$ 時間　③ $\frac{1}{5}$ 時間

　　④ $\frac{5}{6}$ 時間　⑤ $1\frac{1}{3}$ 時間 $\left(\frac{4}{3}\text{時間}\right)$

考え方 1時間を何等分した何個分か考えます。

1時間を2等分…30分＝ $\frac{1}{2}$ 時間
1時間を3等分…20分＝ $\frac{1}{3}$ 時間
1時間を4等分…15分＝ $\frac{1}{4}$ 時間
1時間を5等分…12分＝ $\frac{1}{5}$ 時間
1時間を6等分…10分＝ $\frac{1}{6}$ 時間
1時間を12等分…5分＝ $\frac{1}{12}$ 時間

2 ① $\frac{1}{4}$ 分　② $\frac{2}{3}$ 分　③ $\frac{3}{5}$ 分

④ $\frac{3}{4}$ 分　⑤ $1\frac{2}{3}$ 分 $\left(\frac{5}{3}分\right)$

考え方 1分間を何等分した何個分か考えます。

> 1分を2等分…30秒＝$\frac{1}{2}$ 分
>
> 1分を3等分…20秒＝$\frac{1}{3}$ 分
>
> 1分を4等分…15秒＝$\frac{1}{4}$ 分
>
> 1分を5等分…12秒＝$\frac{1}{5}$ 分
>
> 1分を6等分…10秒＝$\frac{1}{6}$ 分
>
> 1分を12等分…5秒＝$\frac{1}{12}$ 分

3 ① 50分　② 35秒　③ 75分
④ 80秒　⑤ 150分

考え方 単位分数（分子が1の分数）をもとに考えます。① $\frac{5}{6}$ 時間は $\frac{1}{6}$ 時間が5つ分。

$\frac{1}{6}$ 時間＝10分なので，$\frac{5}{6}$ 時間＝10分×5＝50分

ふりかえるチェック ❷

22・23ページ

1 ① ア $\frac{1}{5}$ m　　　イ $\frac{4}{5}$ m

ウ $1\frac{1}{5}$ m, $\frac{6}{5}$ m

エ $1\frac{3}{5}$ m, $\frac{8}{5}$ m

オ $2\frac{3}{5}$ m, $\frac{13}{5}$ m

考え方 1めもりの大きさは $\frac{1}{5}$ なので，

$\frac{1}{5}$ の何個分か考えます。

②

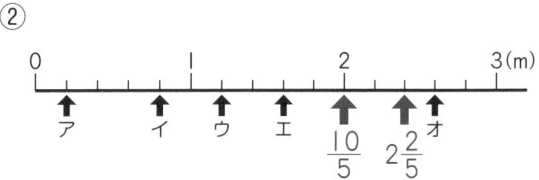

2 ① ア $\frac{11}{7}$ m　　　イ $2\frac{4}{5}$ m

ウ $\frac{11}{6}$ m　　　エ 2m

オ $\frac{22}{9}$ m

② ア，ウ，エ，オ，イ

考え方 ア $\frac{11}{7}$ と，ウ $\frac{11}{6}$ は分子が同じなので，分母が大きいアのほうが小さい。

イ $2\frac{4}{5}$ と，オ $2\frac{4}{9}$ も同じように考えて，オのほうが小さい。

3 ① $\frac{5}{6}$ L　　　② $1\frac{2}{3}$ L, $\frac{5}{3}$ L

③ $2\frac{1}{5}$ L, $\frac{11}{5}$ L

4 ① $\frac{1}{6}$ 時間　　　② $\frac{3}{5}$ 時間

③ $1\frac{1}{2}$ 時間 $\left(\frac{3}{2}時間\right)$

④ $\frac{5}{12}$ 分

⑤ $3\frac{1}{3}$ 分 $\left(\frac{10}{3}分\right)$

5 ① 20分　② 90秒　③ 45秒
④ 48分　⑤ 80分

考え方 わからなくなったら，時計の文字ばんを頭に思いうかべて考えてみよう。
1時間＝60分。1分＝60秒。

ツボ その7 cm², m²の表す広さをおさえよう！

25ページ

やってみよう！

1 ① 14m²　　② 46cm²
　　③ 162m²　　④ 467.74cm²

2 ① 式　4×7=28　　　　答え　28cm²
　　② 式　3×3=9　　　　答え　9m²
　　③ 式　2.7×3.6=9.72
　　　　答え　9.72cm²

考え方
　長方形の面積＝縦×横
　正方形の面積＝1辺×1辺
③辺の長さが小数になっても，整数と同じように計算して面積を求めることができます。

ツボ その8 a，ha，km²の表す広さをおさえよう！

27ページ

やってみよう！

1 ① 4ha　　② 6a　　③ 約24km²

2
① 式　3×7=21　　　　　　答え　21a
考え方 何aかを考えるので，1辺が10mの正方形（1a）が何個分かを考えます。
式は，30×70=2100，2100m²=21aと考えてもかまいません。
② 式　8×8=64　　　　　　答え　64ha
考え方 何haかを考えるので，1辺が100mの正方形（1ha）が何個分かを考えます。
式は，800×800=640000，640000m²=64haと考えてもかまいません。

③ 式　2×3=6　　　　　　答え　6km²
考え方 何km²かを考えるので，1辺が1kmの正方形（1km²）が何個分かを考えます。

ふりかえるチェック ❸

28・29ページ

1 ① ⑦　　　　　　② ㊤
考え方
① 単行本が縦22cm×横15cmのとき，面積は⑦330cm²となります。
② 学校の机が縦40cm×横60cmのとき，面積は㊤2400cm²となる。

2 ① 20a　　② 6cm²
　　③ 63m²　　④ 約906km²
　　⑤ 約4.7ha

3 ① 式　4×8=32　　　　　答え　32a
　　② 式　3×7=21　　　　　答え　21ha
　　③ 式　15×15=225　答え　225km²
　　④ 式　0.8×2=1.6　　答え　1.6km²
　　⑤ 式　10×10=100　答え　100ha

考え方
①1辺が10mの正方形（1a）が何個分かを考えます。
②・⑤1辺が100mの正方形（1ha）が何個分かを考えます。
④ 単位をそろえて計算します。800m＝0.8km。

6

ツボ その9 いろいろな図形の面積を求めよう!

31ページ

やってみよう!

1

① 式　8×7=56　　　　　答え　56m²

考え方　平行四辺形の面積＝底辺×高さ

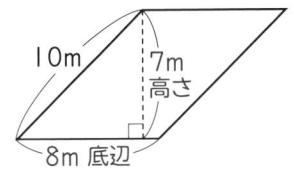

② 式　10×15÷2=75　　　答え　75cm²

考え方　三角形の面積＝底辺×高さ÷2

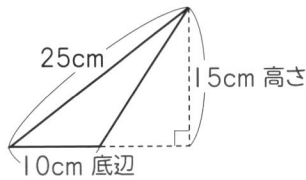

③ 式　(6＋12)×8÷2=72

　　答え　72cm²

考え方　台形の面積＝（上底＋下底）×高さ÷2

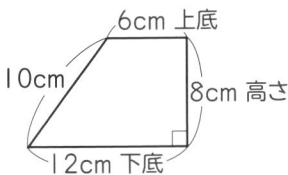

④ 式　12×18÷2=108　答え　108m²

考え方　ひし形の面積＝一方の対角線×もう一方の対角線÷2

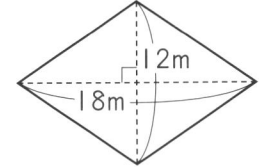

2 式　5×5×3.14=78.5

　　答え　78.5cm²

考え方　円の面積＝半径×半径×円周率（3.14）

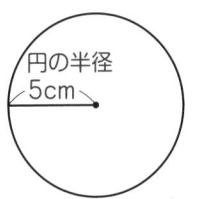

円の半径
5cm

ツボ その10 m²とcm²の関係をおさえよう!

33ページ

やってみよう!

1　① 式　6×2=12　　　　　答え　12m²

　　② 式　600×200=120000

　　　答え　120000cm²

考え方　面積を求める時には，単位をそろえて考える。

200cm=2mだから，①6（m）×2（m）。

6m=600cmだから，②600（cm）×200（cm）。

2　① 式　5×7=35　　　　　答え　35km²

　　② 式　5000×7000=35000000

　　　答え　35000000m²

考え方　1km=1000mなので，

1km²=1000000m²

7

ツボ その11 aとhaの関係をおさえよう！

35ページ

やってみよう！

1 (1)① 式　$4 \times 8 = 32$

答え　32ha

② 式　$40 \times 80 = 3200$

答え　3200a

(2)① 式　$7 \times 7 = 49$

答え　49ha

② 式　$70 \times 70 = 4900$

答え　4900a

考え方　1辺が10mの正方形（1a），1辺が
100mの正方形（1ha）がいくつ分かを考える。

2 ① 500a　　　② 2ha

③ 300m²　　④ 5a

⑤ 60000m²　⑥ 3ha

考え方　1ha＝100a＝10000m²をもとに
考えます。

ふりかえるチェック 4

36・37ページ

1 ① 式　$13 \times 8 = 104$　答え　104cm²

② 式　$14 \times 6 \div 2 = 42$　答え　42cm²

③ 式　$(15 + 7) \times 9 \div 2 = 99$

答え　99cm²

④ 式　$8 \times 7 \div 2 = 28$

答え　28cm²

⑤ 式　$10 \times 10 \times 3.14 = 314$

答え　314cm²

⑥ 式　$4 \times 9 \div 2 = 18$　答え　18cm²

2

① 式　$10 \times 10 \times 3.14 \div 2 = 157$

答え　157cm²

考え方　**1**⑤の円の半分の大きさ。

② 式　$4 \times 4 \times 3.14 \div 4 = 12.56$

答え　12.56cm²

考え方　$\frac{1}{4}$ の大きさの円なので，4でわる。

3 ① 10000cm²　　② 4m²

③ 1000000m²　④ 25km²

⑤ 100a　　　　⑥ 6ha

⑦ 100m²　　　⑧ 10000m²

4 ① 式　$200 \times 400 = 80000$

答え　80000m²

② 式　$0.2 \times 0.4 = 0.08$

答え　0.08km²

③ 式　$20 \times 40 = 800$

答え　800a

④ 式　$2 \times 4 = 8$

答え　8ha

ツボ その12 cm³, m³の表す大きさをおさえよう！

39ページ

やってみよう！

1 ① 式　$5 \times 8 \times 6 = 240$
　　答え　240cm^3

② 式　$8 \times 8 \times 8 = 512$
　　答え　512m^3

③ 式　$4 \times 3 \times 0.5 = 6$
　　答え　6m^3

（別解）式　$400 \times 300 \times 50$
　　　　　$= 6000000$
　　　　答え　6000000cm^3

考え方

　直方体の体積＝縦×横×高さ
　立方体の体積＝1辺×1辺×1辺
③は，辺の長さの単位がちがうので，単位をそろえて計算します。50cm＝0.5mなので，$4 \times 3 \times 0.5$となります。また，3mと4mをcmにそろえて考えることもできます。

2 式　$8 \times 8 \times 8 \div 2 = 256$
　　　　$(8 \times 8 \div 2 \times 8 = 256)$
　　答え　256m^3

考え方　立方体を半分にすると考えると，上の式となります。底面積×高さと考えると，下の式となります。

ツボ その13 液体の量を体積の単位で表そう！

41ページ

やってみよう！

1 ① 式　$5 \times 8 \times 5 = 200$
　　答え　$200 \text{cm}^3 \cdot 200 \text{mL}$

② 式　$50 \times 200 \times 40 = 400000$
　　答え　$400000 \text{cm}^3 \cdot$
　　　　　400000mL

考え方　1cm³＝1mLなので，体積が何cm³なのかを，まず計算で求めましょう。

2 式　$20 \times 25 \times 10 = 5000$
　　答え　$5000 \text{mL} \cdot 5 \text{L}$

考え方　入れ物の中にいっぱいに入る水などの液体の体積を，その入れ物の容積といいます。厚さ1cmの板で直方体の箱を作ったので，箱の内側の長さ（内のり）は，
縦　　$22 - 2 = 20$
横　　$27 - 2 = 25$
高さ　$11 - 1 = 10$　となります。

3 式　$10 \times 10 \times 10 = 1000$
　　　　　$1 \text{m}^3 = 1000 \text{L}$
　　答え　1000L

考え方　1m³の立方体の中に辺が10cmの立方体（1L）が何個並ぶか考えます。縦，横，高さには，1Lが10個ずつ並ぶので，全部で1000個並びます。

14 L, dL, mL, kLに直してみよう!

43ページ

やってみよう!

1 ① 2kL　　② 1.5L
　　③ 4.2L　　④ 500mL

考え方 大きさを表す言葉に注意して考えます。
k（キロ）は1000倍,
d（デシ）は $\frac{1}{10}$ 倍,
m（ミリ）は $\frac{1}{1000}$ 倍なので,
1kL=1000L, 1dL=0.1L, 1mL=0.001L

2 ① 8000cm^3　　② 700cm^3
　　③ 220cm^3　　④ 3200cm^3

考え方 1L=1000cm^3=1000mLをもとにして考えます。

3 ① 18L
　　② 2dL
　　③ 250kL
　　④ 200mL

4 ① 式　30×60×40=72000
　　　答え　72000mL
　　② 720dL・72L

考え方 1cm^3=1mLなので, 何cm^{3}かを計算で求めれば, 何mLかがわかります。
100mL=1dL, 1000mL=1Lなので,
72000cm^3=72000mL=720dL=72L

15 水の重さと体積の関係をおさえよう!

45ページ

やってみよう!

1 ① 800g　　② 2kg
　　③ 400g　　④ 350g
　　⑤ 300t

考え方 1g=1cm^3（1mL）, 1kg=1000cm^3（1L）をもとにして考えましょう。

2 ① 1500cm^3　　② 3L
　　③ 480mL　　④ 5dL
　　⑤ 2m^3

3 ① 式　10×20×10=2000
　　　答え　2000cm^3

考え方 内のりの長さは, 縦10cm, 横20cm, 高さ10cmになります。

　　② 2000g
　　③ 式　1000g=1000cm^3
　　　　　10×20×□=1000
　　　　　　　　□=5
　　　答え　5cm

考え方 重さが1000gなので, 体積が1000cm^{3}になるときの水の深さ（高さ）を求める。
深さを□とすると, 10×20×□=1000となります。

10

1

① 式　4×10×6=240　　答え　240cm³

② 式　4×4×4=64　　　　答え　64m³

③ 式　3×2×0.7=4.2　　答え　4.2m³

考え方 70cm=0.7mに直して単位をそろえる。

④ 式　5×4÷2×4=40　　答え　40cm³

⑤ 式　4×7×5=140　　　答え　140mL

考え方 1mL=1cm³

⑥ 式　4×5×3=60　　　　答え　60L

考え方 1辺が10cmの立方体が何個分かを考えます。

（別解）1L=1000mL=1000cm³をもとにして考えると，

式　40×50×30=60000

　　60000cm³=60L

2

① 式　20×15×20=6000

　　　6000mL=6L

　答え　6000mL・6L

（別解）式　2×1.5×2=6

考え方 1mL=1cm³，1L=1000mLをもとに考えます。

② 6kg

考え方 水1Lの重さは1kg。

3　① 550mL　　　② 3000cm³

　　　③ 400cm³　　　④ 2000000cm³

　　　⑤ 3kL　　　　⑥ 0.8L

　　　⑦ 5L　　　　⑧ 200mL

4　式　60000L=60m³

　　　　4×□×5=60

　　　　　　□=3

　　答え　3m

考え方 1000L=1m³なので，60000L=60m³
直方体の体積を求める式は，
4×□×5=60（m³）となる。

ツボ その16 メートル法で長さの単位を
おさえよう！

49ページ

やってみよう！

1　① 634m　　　② 2cm

　　　③ 30m　　　　④ 3776m

　　　⑤ 42.195km　⑥ 1435mm

　　　⑦ 25.7cm　　⑧ 10000m

2　① 1500m　　　② 1.4m

　　　③ 25cm　　　④ 3m

考え方 1km=1000m，1cm=$\frac{1}{100}$m，

1mm=$\frac{1}{1000}$m　をもとにして考えます。

ツボ その17 メートル法で重さ・体積の単位を
おさえよう！

51ページ

やってみよう！

1　① 4500kg　　② 1g

　　　③ 6g　　　　④ 350mL（cm³・g）

　　　⑤ 200L　　　⑥ 2dL

2　① 6300g　　　② 2g

　　　③ 0.65kg　　④ 1.8L

　　　⑤ 0.5L　　　⑥ 1700L

考え方 大きさを表す言葉に注目して考えます。

（k）…1000倍,（h）…100倍,（da）…10倍

（d）…$\frac{1}{10}$倍,（c）…$\frac{1}{100}$倍

（m）…$\frac{1}{1000}$倍

ふりかえるチェック ❻

52・53ページ

1

(1)

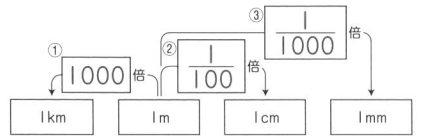

(2)

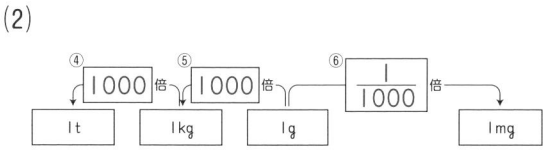

(3)

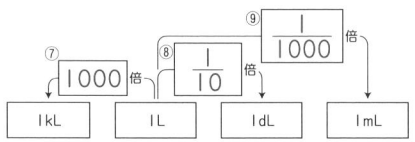

2

大きさを表す言葉	キロ k	ヘクト h	デカ da		デシ d	センチ c	ミリ m
意味(倍)	①$\frac{1}{1000}$	100	10	1	②$\frac{1}{10}$	③$\frac{1}{100}$	④$\frac{1}{1000}$
長さの単位	⑤km	(hm)	(dam)	m	(dm)	⑥cm	⑦mm
重さの単位	⑧kg	(hg)	(dag)	g	(dg)	(cg)	mg
体積の単位	⑨kL	(hL)	(daL)	L	⑩dL	(cL)	mL

3
① 5000m　② 4.08m
③ 0.9m　④ 25cm
⑤ 32000g　⑥ 1.5g
⑦ 2.7L　⑧ 0.6L
⑨ 3000L　⑩ 520mL

4

(1)

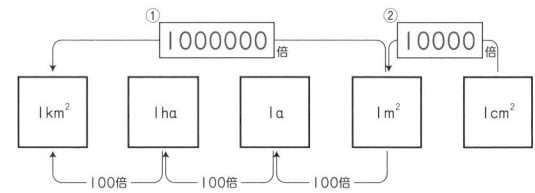

考え方 1辺の長さをもとに、面積が何倍になるか考えましょう。

(2)

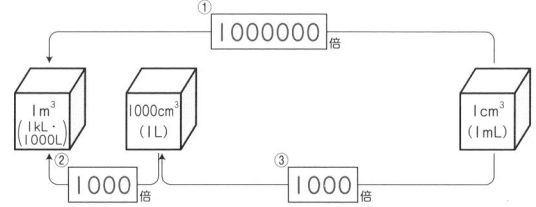

考え方 1辺の長さをもとに、体積が何倍になるか考えます。

ツボ その18 人口密度の表し方をおさえよう！

55ページ

やってみよう！

1 式　5510000 ÷ 83457 ＝ 66.0…
答え　66人

考え方 人口密度は、人口÷面積で求めることができます。

12

2

⑴式　A　8÷12＝0.666…

　　　B　9÷15＝0.6

　答え　Aのうさぎ小屋がこんでいる。

考え方　1m²あたりのうさぎの数は，うさぎの数÷面積で求めることができる。値が大きいほうが，1m²あたりのうさぎの数が多いので，こんでいることになります。

⑵式　A　12÷8＝1.5

　　　B　15÷9＝1.66…

　答え　Aのうさぎ小屋がこんでいる。

考え方　1ぴきあたりの面積は，面積÷うさぎの数で求めることができます。値が小さいほうが，1ぴきあたりの面積がせまいので，こんでいることになります。

3

⑴式　120÷15＝8

　答え　8km

考え方　1Lあたりで何km走るかを求めるので，120÷15

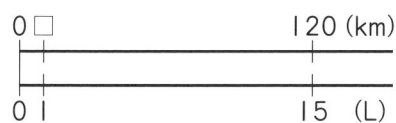

⑵式　8×9＝72

　答え　72km

考え方　9Lのガソリンで走る道のりは，1Lのガソリンで走る道のりの9倍になります。

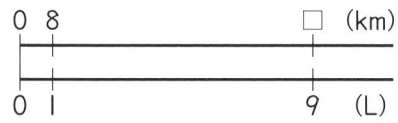

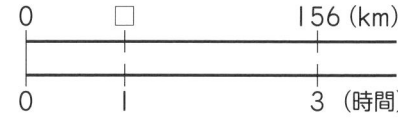

ツボ その19　速さの表し方をおさえよう！

57ページ

やってみよう！

1　式　156÷3＝52

　答え　時速52km

考え方　速さ＝道のり÷時間

2　式　A　12÷5＝2.4

　　　B　20÷8＝2.5

　答え　B店のすしの方が速い。

考え方　Aは分速2.4m，Bは分速2.5m。Bの方が1分間に進む道のりが長いのでBのほうが速い。

3

①式　100÷8＝12.5

　答え　秒速12.5m

②式　12.5×60＝750

　　分速750m

　　750×60＝45000

　　45000m＝45km

　　時速45km

　答え　分速750m・時速45km

考え方　秒速12.5mなので，1秒間あたりに12.5m進みます。

・1分間（60秒間）では，1秒間に進む道のりの60倍進むので，

　分速＝秒速×60。

・1時間（60分間）では，1分間に進む道のりの60倍進むので，

　時速＝分速×60。

②の時速は，時速45000mでもよいですが，時速45kmのほうがわかりやすいですね。

4 ① 式　70×4=280

答え　280km

考え方 道のり＝速さ×時間

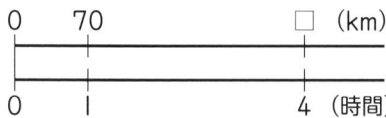

② 式　420÷70=6

答え　6時間

考え方 時間＝道のり÷速さ

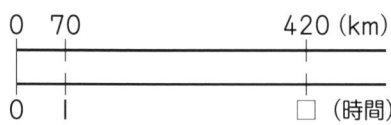

ツボ その20 百分率（％）の表し方をおさえよう！

59ページ
59ページ

やってみよう！

1 ① 63%　　　② 2%

③ 50%　　　④ 120%

考え方

割合を表す1　　⇒　　100%

割合を表す0.01　⇒　　1%

2 式　155÷620=0.25

答え　25%

考え方 割合＝比べられる量÷もとにする量

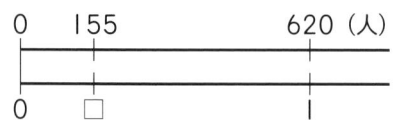

3 式　500×0.3=150

答え　150mL

考え方 比べられる量＝もとにする量×割合

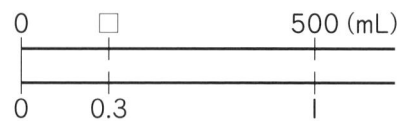

4 式　□×0.25=8

　　　□=8÷0.25

　　　□=32

答え　32m²

考え方 全体の面積の25%が8m²なので，

全体の面積を□とすると，

□×0.25=8となるので，

□=8÷0.25となる。

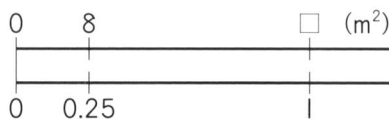

5 式　150×(1−0.2)

　　＝150×0.8

　　＝120

答え　120円

考え方 20%びきの値段で買ったので，はらった代金はもとの値段の80%になります。

ふりかえるチェック 7

60・61ページ

1 式　1420000 ÷ 2277

　　＝ 623.6…

答え　624人

考え方 人口密度＝人口÷面積

14

2 式　629×40＝25160

答え　25160人

考え方 Ⅰkm²あたり629人住んでいるので，40km²では人数はその40倍になります。

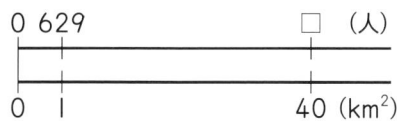

3 式　A　210÷15＝14

　　　B　270÷20＝13.5

答え　自動車A

考え方 ⅠLあたり何km走るかを求めて比べます。

4

① 式　440÷2＝220

答え　時速220km

考え方 速さ＝道のり÷時間

② 式　220×3.5＝770

答え　770km

考え方 道のり＝速さ×時間

30分は0.5時間だから，3時間30分は3.5時間。

③ 式　1100÷220＝5

答え　5時間

考え方 時間＝道のり÷速さ

5

① 式　1.8×60＝108

　　　時速108km

　　　1.8÷60＝0.03

　　　秒速0.03km

　　　（秒速30m）

答え　時速108km　秒速0.03km

　　　　　　　　（秒速30m）

考え方 Ⅰ時間に進む道のりは，Ⅰ分間に進む道のりの60倍。

Ⅰ秒間に進む道のりは，Ⅰ分間に進む道のりの $\frac{1}{60}$ になります。

② 式　100÷30＝3.3…

答え　約3.3秒

考え方 秒速30mを使って考えます。

時間＝道のり÷速さなので，

100÷30で求められます。

6 式　120÷150＝0.8

答え　百分率80%　歩合8割

考え方 割合＝比べられる量÷もとにする量

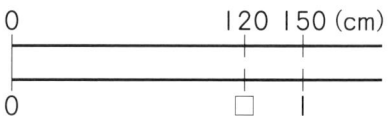

7 式　□×0.03＝18

　　　□＝18÷0.03

　　　□＝600

答え　600人

考え方 □人の3%が18人なので

　　　□×0.03＝18となる。

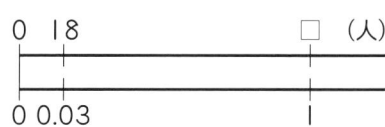

8 式　3800×(1−0.25)

　　　＝2850

答え　2850円

考え方 定価の25%びきで売られているので，売値は定価の75%になります。

単位マスター認定テスト

62・63ページ

1　① 1.6m　　② 4.8m

③ 0.972km　④ 2.405km

⑤ 0.06m　　⑥ 0.014m

⑦ 2.4kg　　⑧ 0.15kg

⑨ 5.25t　　⑩ 0.07t

⑪ 2.5L　　⑫ 3.4L

⑬ 0.35dL　⑭ 0.128kL

→復習はツボその2〜4（10・12・14ページ）

2　① $\frac{1}{3}$ 時間　　② $\frac{1}{5}$ 時間

③ $\frac{3}{4}$ 時間　　④ $\frac{3}{5}$ 分

⑤ $\frac{1}{6}$ 分　　⑥ $1\frac{1}{4}$ 時間$\left(\frac{5}{4}\right.$ 時間$\left.\right)$

⑦ $1\frac{1}{3}$ 時間$\left(\frac{4}{3}\right.$ 時間$\left.\right)$

⑧ $1\frac{1}{2}$ 分$\left(\frac{3}{2}\right.$ 分$\left.\right)$

→復習はツボその6（20ページ）

3　① 式　150×600＝90000

　　答え　90000m²

② 式　0.15×0.6＝0.09

　　答え　0.09km²

③ 式　15×60＝900

　　答え　900a

④ 式　1.5×6＝9

　　答え　9ha

→復習はツボその10・11（32・34ページ）

4　① 20mL　　② 5dL

③ 2m³　　④ 2L

→復習はツボその14（42ページ）

5　① 50cm³　　② 2000cm³

③ 4m³　　④ 1000cm³

→復習はツボその15（44ページ）

6　式　1370000÷9645

　　　＝142.0………

答え　140人

→復習はツボその18（54ページ）

2311R3

16